図解
ISO 9001/IATF 16949 プロセスアプローチ内部監査の実践

パフォーマンス改善・適合性の監査から有効性の監査へ

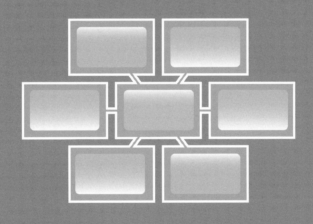

岩波好夫 著

日科技連

本書では、ISO 9001規格、ISO 19011規格という表記で規格条文を掲載していますが、それぞれJIS Q 9001規格、JIS Q 19011規格からの引用です。また、JIS Q 9001規格、JIS Q 19011規格を引用するにあたり、(一財)日本規格協会の標準化推進事業に協賛しています。なお、これらは必要に応じてJIS規格票を参照してください。

ま え が き

　品質マネジメントシステムの国際規格である ISO 9001 認証を取得する組織の業種が拡大しています。しかし、"ISO 9001 認証を取得したが、品質、コスト、生産性、顧客満足度などのパフォーマンス（結果）が改善しない。経営に役立っていない"という問題をかかえている組織が増えています。また、貴重な人手と時間をかけて行っている内部監査が、経営に役立っていないという組織が多いのが現状です。

　品質マネジメントシステムの国際規格 ISO 9001 が、15 年ぶりに ISO 9001：2015 として大きく改訂されました。この改訂の趣旨は、組織（企業）の経営システムと ISO 9001 システムとの統合、組織のリスクを考慮した品質マネジメントシステムの構築と運用、パフォーマンス（結果）重視、およびそのためのプロセスアプローチ運用の強化です。

　ISO 9001 認証を取得している組織の人は、"プロセスアプローチ"という言葉は知っているが、プロセスアプローチとは何かについて説明できる人は少ないようです。そして、ISO 9001 認証を取得している組織で、品質マネジメントシステムの運用や、内部監査をプロセスアプローチ方式で行っている組織は多くありません。"適合性の監査から有効性の監査へ"と以前から言われていますが、有効性の監査のために最も効果的なプロセスアプローチ監査が行われておらず、実効を伴っていません。

　一方、自動車産業の品質マネジメントシステム規格 IATF 16949：2016 は、ISO 9001 を基本規格とし、それに自動車産業固有の要求事項を追加した、自動車産業のセクター規格です。IATF 16949 では、旧規格の ISO/TS 16949 のときから、プロセスアプローチの運用と、プロセスアプローチ内部監査の実施を、組織のパフォーマンス改善のために最も重要なツールと位置づけて運用され、効果を上げています。

　本書では、"プロセスアプローチとは何か、どのように行えばよいのか、内部監査を効果的に行うにはどうすればよいのか、プロセスアプローチ方式によ

3

る内部監査はどのように行えばよいのか”について、図解により、わかりやすく解説しています。

また、ISO 9001 認証組織にも活用できるように、プロセスアプローチの運用とプロセスアプローチ内部監査において先行している、IATF 16949 の内容を含めて解説しています。

そして、内部監査における効果的な指摘の方法と是正処置の例、プロセスアプローチ監査に不可欠なタートル図の例、および内部監査規定の例を紹介し、読者のみなさんが自社の内部監査にすぐに活用できる内容となっています。

本書は、次の 7 つの章で構成されています。

第 1 章　ISO 9001/IATF 16949 規格改訂とプロセスアプローチ

この章では、ISO 9001 認証とプロセスアプローチの現状、ISO 9001：2015 改訂とプロセスアプローチ、および IATF 16949：2016 改訂の概要について解説します。

第 2 章　プロセスアプローチとタートル図

この章では、品質マネジメントシステムとプロセス、品質マネジメントシステムのプロセスアプローチ、および IATF 16949 のプロセスアプローチについて解説します。

第 3 章　品質マネジメントシステム内部監査

この章では、内部監査の目的、品質マネジメントシステム内部監査要求事項、および監査プログラムについて解説します。

第 4 章　プロセスアプローチ内部監査

この章では、適合性の監査から有効性の監査へ、プロセスアプローチ監査の手順、およびプロセスアプローチ監査の進め方について解説します。

第 5 章　内部監査における効果的な指摘と是正処置

この章では、効果的な是正処置の方法、プロセスアプローチ監査における指摘と是正処置、および是正処置の有効性の確認方法などについて解説します。

第 6 章　内部監査員の力量と継続的向上

この章では、品質マネジメントシステム監査員の力量、および IATF 16949 の内部監査員の力量について解説します。

第7章　事例集

この章では、プロセスアプローチ監査に活用できるタートル図の事例および内部監査規定の事例について解説します。

本書は、次のような方々に読んでいただき、活用されることを目的としています。

① ISO 9001：2015 で名実ともに要求事項となった、プロセスアプローチとその実施方法を理解したいと考えておられる方々

② 有効性の監査、すなわちパフォーマンス改善のために効果的な、プロセスアプローチ方式の監査技法について習得したいと考えておられる方々

③ 自動車産業の品質マネジメントシステム規格 IATF 16949 認証の取得を検討中の方々

④ IATF 16949 の基本的な要求事項であるプロセスアプローチの運用方法と、プロセスアプローチ監査技法について、習得したいと考えておられる方々

⑤ 品質保証と顧客満足だけでなく、品質、コスト、生産性などの経営パフォーマンスの改善のために、現在の ISO 9001 または IATF 16949 の品質マネジメントシステムをレベルアップしたいと考えておられる方々

読者のみなさんが、プロセスアプローチについての理解を深めることによって、みなさんの会社の ISO 9001/IATF 16949 品質マネジメントシステムと内部監査のレベルアップ、ならびに経営パフォーマンスの改善のために、本書がお役に立てば幸いです。

謝　辞

最後に本書の出版にあたり、多大なご指導いただいた日科技連出版社出版部長戸羽節文氏ならびに石田新氏に心から感謝いたします。

2017 年 9 月

岩　波　好　夫

目　　　次

まえがき　3

第1章　ISO 9001/IATF 16949 規格改訂とプロセスアプローチ‥11

1.1　ISO 9001/IATF 16949 とプロセスアプローチの現状　13

1.2　ISO 9001：2015 改訂とプロセスアプローチ　15

1.2.1　ISO 9001：2015 改訂の背景と目的　15

1.2.2　ISO 9001：2015 の主な変更点　16

1.2.3　事業プロセスと ISO 9001 要求事項との統合　18

1.2.4　リスクおよび機会への取組みとプロセスアプローチ　19

1.3　IATF 16949：2016 改訂とプロセスアプローチ　21

1.3.1　IATF 16949：2016 改訂の概要　21

1.3.2　IATF 16949 とプロセスアプローチ　21

第2章　プロセスアプローチとタートル図…………23

2.1　品質マネジメントシステムとプロセス　25

2.1.1　プロセスとは　25

2.1.2　品質マネジメントシステムとプロセス　26

2.1.3　プロセスの PDCA 改善サイクル　29

2.2　品質マネジメントシステムのプロセスアプローチ　30

2.2.1　ISO 9001 におけるプロセスアプローチ要求事項　30

2.2.2　タートル図　33

2.2.3　品質マネジメントシステムのプロセス　40

2.2.4　プロセスと部門および要求事項との関係　43

2.2.5　プロセスの大きさ　48

2.2.6　プロセスおよびプロセスの監視指標の例　50

目　次

2.3　IATF 16949 のプロセスアプローチ　53

2.3.1　IATF 16949 のプロセス　53

2.3.2　自動車産業のプロセスのタートル図　55

2.3.3　自動車産業のプロセスアプローチ内部監査　55

第3章　品質マネジメントシステム内部監査……57

3.1　内部監査の目的　59

3.1.1　監査の種類　59

3.1.2　マネジメントシステム監査の規格 ISO 19011　60

3.1.3　監査の原則　61

3.2　品質マネジメントシステム内部監査要求事項　63

3.2.1　ISO 9001 における内部監査要求事項　63

3.2.2　IATF 16949 における内部監査要求事項　68

3.3　監査プログラム　73

3.3.1　内部監査プログラム　73

3.3.2　内部監査の実施　76

3.3.3　内部監査プログラムの監視およびレビュー・改善　84

第4章　プロセスアプローチ内部監査……87

4.1　適合性の監査から有効性の監査へ　89

4.1.1　適合性の監査と有効性の監査　89

4.1.2　プロセス監査とプロセスアプローチ監査の相違　95

4.1.3　要求事項別監査における有効性の確認　97

4.2　プロセスアプローチ監査の手順　99

4.2.1　プロセスアプローチ監査の方法　99

4.2.2　プロセスアプローチ監査のチェックリスト　100

4.3 プロセスアプローチ内部監査の進め方　102

第5章　内部監査における効果的な指摘と是正処置 … 109

5.1　不適合の区分　111
5.1.1　重大な不適合と軽微な不適合　111
5.1.2　改善の機会　112
5.2　効果的な是正処置の方法　119
5.2.1　修正と是正処置　119
5.2.2　是正処置の責任分担　123
5.3　プロセスアプローチ監査における指摘　125
5.4　是正処置の有効性の確認方法　128
5.5　IATF 16949 における監査報告書の記載方法　130

第6章　内部監査員の力量と継続的向上 …………… 133

6.1　品質マネジメントシステム監査員の力量　135
6.1.1　内部監査員に求められる力量　135
6.1.2　内部監査員の力量の評価と維持・向上　139
6.1.3　監査プログラム管理者の力量　143
6.2　IATF 16949 の内部監査員の力量　144
6.2.1　IATF 16949 の内部監査員に対する要求事項　144
6.2.2　IATF 16949 の内部監査員に求められる力量　145

第7章　事例集 ……………………………………… 147

7.1　タートル図の事例　149
7.1.1　マネジメントプロセスおよび支援プロセスのタートル図　149
7.1.2　製造業の運用(製品実現)プロセスのタートル図　154

目　次

　　7.1.3　サービス業の運用（製品実現）プロセスのタートル図　　160

　　7.1.4　建設業の運用（製品実現）プロセスのタートル図　　164

　7.2　内部監査規定の事例　　168

　　参考文献　　177

　　索引　　178

第1章

ISO 9001/IATF 16949 規格改訂と プロセスアプローチ

第 1 章　ISO 9001/IATF 16949 規格改訂とプロセスアプローチ

　本章では、ISO 9001 認証とプロセスアプローチの現状、ISO 9001：2015 改訂とプロセスアプローチ、および IATF 16949：2016 改訂の概要について説明します。

　この章の項目は、次のようになります。

1.1	ISO 9001/IATF 16949 とプロセスアプローチの現状
1.2	ISO 9001：2015 改訂とプロセスアプローチ
1.2.1	ISO 9001：2015 改訂の背景と目的
1.2.2	ISO 9001：2015 の主な変更点
1.2.3	事業プロセスと ISO 9001 要求事項との統合
1.2.4	リスクおよび機会への取組みとプロセスアプローチ
1.3	IATF 16949：2016 改訂とプロセスアプローチ
1.3.1	IATF 16949：2016 改訂の概要
1.3.2	IATF 16949 とプロセスアプローチ

1.1 ISO 9001/IATF 16949 とプロセスアプローチの現状

品質マネジメントシステム（quality management system）の国際規格である ISO 9001 認証を取得する組織の業種が、わが国でも拡大しています。しかし、"ISO 9001 認証を取得したが、顧客満足・品質・生産性・サービスなどのパフォーマンス（結果、performance）が改善しない。ISO が経営に役立っていない" という問題をかかえている組織が増えているのが現状です。

ISO 9001 規格は、2000 年版の改訂において、プロセスアプローチ（process approach）を採用することによって、"品質マネジメントシステムの有効性を改善する規格" となりました。プロセスアプローチの目的は、目標や計画した結果を達成することです。

ISO 9001 認証を取得している組織の人はみな、プロセスアプローチという言葉は知っています。しかし、プロセスアプローチとはどういうものか、どのように実施すればよいのかを理解している人は少ないようです。その結果、ISO 9001 認証を取得している多くの組織で、品質マネジメントシステムがプロセスアプローチによって適切に運用されておらず、パフォーマンスの改善につながるシステムになっていないのが現状です。

一般的に、ISO は "品質保証のために、決められたことを確実にする仕組みの規格である" と考えられているようです。ISO 9001 認証を取得した組織の内部監査の指摘事項を見ても、"決められたことを行っていない。ルールどおりに仕事を行っていない" という内容のものが多いようです。すなわち、適合性の監査に終わっており、有効性の監査になっていないのです。これではパフォーマンスの改善に役に立つ内部監査とはいえません。

これらの問題を解決するために、ISO 9001 規格は、2015 年の改訂によって、プロセスアプローチが、名実ともに要求事項となりました。

一方、ISO 9001 規格を基本規格として取り入れた、自動車産業の品質マネジメントシステム規格 ISO/TS 16949 は、ISO 9001 規格の改訂を受けて、IATF 16949 規格として生まれ変わりました。IATF 16949 では、旧規格の ISO/TS 16949 のときから、プロセスアプローチを、最も重要な要求事項として位置づけて運用し、有効性とパフォーマンスの改善に成果を上げています。

第 1 章　ISO 9001/IATF 16949 規格改訂とプロセスアプローチ

　また、内部監査についても、ISO 9001 とは異なる、有効性とパフォーマンス改善に効果的な、プロセスアプローチ内部監査が要求されています。

　本書は、IATF 16949 におけるプロセスアプローチの運用方法を含めて、"プロセスアプローチとは何か、どのように行えばよいのか、有効性とパフォーマンス改善のための内部監査はどうすればよいのか"について、種々の事例を挙げて、図解によりわかりやすく解説しています（図 1.1 参照）。

ISO 9001	IATF 16949
ISO 9001 認証組織が拡大している。 ・ISO 9001 では、プロセスアプローチの運用が求められている。 ・プロセスアプローチの目的は、計画した結果を得ること、パフォーマンスを改善することである。	自動車産業の品質マネジメントシステム IATF 16949（旧 ISO/TS 16949）認証組織が、種々の業種に拡大している。 ・IATF 16949 では、プロセスアプローチの運用を要求事項としている。
しかし"パフォーマンスが改善しない。ISO が経営に役立っていない"という問題をかかえている組織が多い。	顧客満足・品質・コスト・生産性などの改善パフォーマンス改善に効果をあげている。
プロセスアプローチが適切に理解され、運用されていない。	プロセスアプローチが理解され、適切に運用されている。
内部監査では、"手順（ルール）どおりに仕事を行っていない"という指摘が多い。 ・適合性の内部監査に終わっている。	内部監査では、適合性の監査に終わらず、パフォーマンス改善に効果的な、有効性の監査が行われている。
プロセスアプローチによる、有効性の内部監査になっていない。 ・プロセスアプローチによる、パフォーマンスの改善につながっていない。	自動車産業のプロセスアプローチ式内部監査が行われている。 ・プロセスアプローチによる、パフォーマンスの改善につながっている。

本書では、品質マネジメントシステムの有効性とパフォーマンスの改善に効果的な、プロセスアプローチの運用と、プロセスアプローチ内部監査のノウハウが解説されている。

図 1.1　ISO 9001/IATF 16949 とプロセスアプローチの現状

1.2　ISO 9001：2015 改訂とプロセスアプローチ

1.2.1　ISO 9001：2015 改訂の背景と目的

　品質マネジメントシステム規格 ISO 9001：2015 改訂の背景と目的について、ISO 専門委員会 TC176 によって作成された「設計仕様書」の中で、図 1.2 に示すように述べています。すなわち、パフォーマンス改善とあらゆるマネジメントシステムへの適用のための改訂が行われました。これらは、1.1 節で述べた、ISO 9001 認証の現状への対応を考慮した内容になっています。

項　目	内　容	備考
適合製品に関する信頼性の向上	アウトプットマター（output matters）といわれる、結果重視への対応です。 ・パフォーマンスが改善しない、経営に役立っていないという問題に対する対応。	パフォーマンス改善に関する事項（プロセスアプローチに関連）
品質マネジメントシステム要求事項の事業プロセスへの統合	品質マネジメントシステムを組織の事業プロセスに統合させる。 ・組織で重要なことと ISO で重要なことが整合していないという問題に対する対応。	
プロセスアプローチの理解向上	組織の業務に直結、プロセスを重視、パフォーマンス改善のために、プロセスアプローチの理解向上を図る。 ・プロセスアプローチが、必ずしも適切に理解されていなかったため。	
あらゆる組織への適用	要求事項の表現が、サービス業にも理解しやすいように配慮する。 ・用語の見直しを行う。	あらゆるマネジメントシステムに関する事項
他のマネジメントシステム規格との整合化	ISO/TMB（ISO 技術管理評議会）によって開発された、「ISO/IEC 専門業務用指針補足指針」の附属書 SL（共通テキスト）を適用する。 ・ISO 9001 規格だけでなく ISO 14001 規格など、すべてのマネジメントシステム規格と共通の規格構成（共通項目、共通用語、共通順序）にして、組織が使いやすい構成とする。	

図 1.2　ISO 9001：2015 改訂の背景と目的

第1章　ISO 9001/IATF 16949 規格改訂とプロセスアプローチ

1.2.2　ISO 9001：2015 の主な変更点

　ISO 9001：2015 の主な変更点は、図 1.3 に示すようになります。すなわち、1.2.1 項で述べた、ISO 9001：2015 規格改訂の背景と目的に対応した内容になっています。

項　目	内　容
品質マネジメントシステム要求事項の事業プロセスとの統合およびトップマネジメントのリーダーシップ強化	①　箇条 5.1 リーダーシップおよびコミットメントにおいて、経営者の責務として、事業プロセスへの品質マネジメントシステム要求事項の統合を確実にすることが要求事項となり、経営者の責務が強化された。 ②　特に、経営者のリーダーシップとコミットメントの実証、品質マネジメントシステムの有効性の説明責任、事業プロセスへの品質マネジメントシステム要求事項の統合の確実化、プロセスアプローチおよびリスクにもとづく考え方の利用の促進を要求している。
リスク（risk）にもとづく考え方の採用	③　箇条 4.1 ～ 4.3 にもとづいて、リスクにもとづく考え方に従って、組織がかかえるリスクおよび機会への取組み（箇条 6.1）の計画を策定して運用することにより、リスクを未然に防止する仕組みを取り入れた品質マネジメントシステムとすることが求められている。 ④　予防処置の要求事項がなくなったが、これは、リスクと予防処置を全面的に考慮した品質マネジメントシステム規格に変わり、予防処置の要求はむしろ強化されたと考えるとよい。
プロセスアプローチ採用の強化	⑤　ISO 9001：2015 規格の序文 0.3 プロセスアプローチでは、次のように述べている。 a) プロセスアプローチの採用に不可欠と考えられる特定の要求事項を箇条 4.4 に規定する。 b) PDCA サイクルを、機会の利用および望ましくない結果の防止を目指すリスクにもとづく考え方に全体的な焦点を当てて用いることで、プロセスおよびシステム全体をマネジメントすることができる。 c) プロセスアプローチによって、プロセスパフォーマンスの達成、およびプロセスの改善が求められている。

図 1.3　ISO 9001：2015 の主な変更点（1/2）

16

項　目	内　容
プロセスアプローチ採用の強化（続き）	⑥　上記⑤ a)は、プロセスアプローチの具体的な手順は、ISO 9001：2015 規格の箇条 4.4 に示すと述べている。また b)および箇条 4.4 において、プロセスアプローチとは、各プロセスを PDCA の改善サイクルで運用することであることが明確になった。 ⑦　箇条 4.4 は、追加された"リスクおよび機会への取組み"以外は、旧規格の箇条 4.1 と同じである。プロセスアプローチが要求事項となったことにより、有効性だけでなく、上記 c)のパフォーマンスの改善につながることが求められている。
パフォーマンス重視、結果重視 （手順・文書化要求の削減、規範的な要求事項の削減を含む）	⑧　パフォーマンス重視、結果重視 ・プロセスアプローチの採用により、プロセスパフォーマンスの達成が求められている。 ⑨　改善の強調 ・改善（箇条 10）の項目が設けられ、従来の不適合の修正・防止、および品質マネジメントシステムの有効性の改善に加えて、製品・サービスの改善、品質マネジメントシステムのパフォーマンスの改善などが含まれた。 ⑩　変更管理の強化 ・変更の計画（箇条 6.3）、運用の計画および管理（箇条 8.1）、変更の管理（箇条 8.5.6）など、変更管理の要求事項が追加された。 ⑪　文書化要求の削減 ・パフォーマンス重視、結果重視の観点から、品質マニュアルや、文書管理、記録の管理などのいわゆる 6 つの手順書の作成の要求はなくなった。 ⑫　アウトソース管理の明確化と強化 ・外部から提供されるプロセス・製品・サービスの管理（箇条 8.4）に、アウトソースも含まれることになった。
サービス業への配慮	⑬　次のような用語の変更が行われ、サービス業にもわかりやすい表現になった。また用語の定義の見直しも行われた。 ・製品 → 製品・サービス（規格全般） ・作業環境 → プロセスの運用に関する環境（箇条 7.1.4） ・監視機器・測定機器の管理 → 監視・測定のための資源（箇条 7.1.5）など

図 1.3　ISO 9001：2015 の主な変更点（2/2）

1.2.3 事業プロセスとISO 9001要求事項との統合

従来は、組織の事業プロセス（経営プロセス）と品質マネジメントシステムが整合しない、すなわち組織の経営とISOの管理が一致しない組織があり、その結果、ISOが経営に役立っていないというケースが見受けられました。

新規格では、このような問題を解決するために、組織の事業プロセスとISO 9001要求事項の統合が求められるようになりました。

すなわち、ISO 9001規格（箇条5.1 c）では、トップマネジメントの責務として、"組織の事業プロセスへの品質マネジメントシステム要求事項の統合を確実にする"ことを求めています（図1.4参照）。

これは、図1.2で述べた、パフォーマンス改善に関する事項に対応し、本書の主題であるプロセスアプローチおよびプロセスアプローチ内部監査につながることです。

重要なのは、組織にとって重要なことと、ISO 9001の要求事項を分けて考えないことです。これは、組織の状況を理解し、組織にとっての外部・内部の課題（経営課題）を明確にし、その課題に対応するために、ISO 9001を利用するというもので、ISO 9001規格の2015年版は、事業マネジメントシステム（または経営マネジメントシステム）の規格に近づいたといえます。

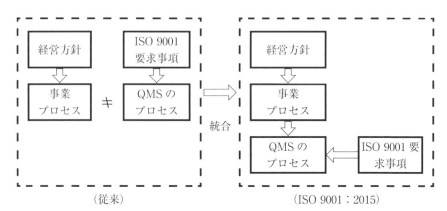

［備考］QMS：品質マネジメントシステム
図1.4　事業プロセスと品質マネジメントシステムのプロセス

1.2.4　リスクおよび機会への取組みとプロセスアプローチ

　リスクおよび機会への取組みは、ISO 9001：2015で新たに採用された考え方です。組織の目的とリスクおよび機会への取組みの関係を図1.5に示します。

　組織がかかえるリスクおよび機会は、組織の目的に関係します。組織の目的が、例えば、製品・サービスの品質保証と顧客への製品の安定供給だとすると、これらの製品・サービスの品質保証と顧客への製品の安定供給という組織の目的に対して、どのようなリスクがあるかを考えて、それに対する取組み（リスク低減）の計画を立てて実施することになります。

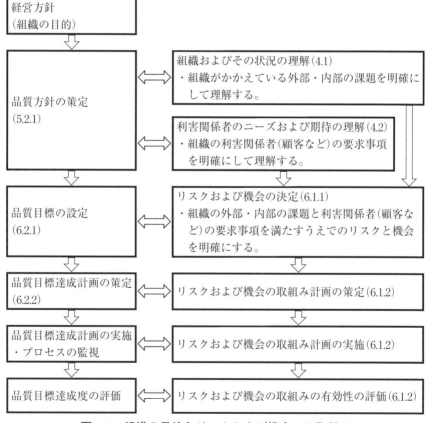

図1.5　組織の目的とリスクおよび機会への取組み

第1章　ISO 9001/IATF 16949 規格改訂とプロセスアプローチ

　ISO 9001：2015 規格は、図1.1 および図1.2 に述べた、ISO 9001 の現在の課題を解決するために、図1.3 に述べた主な変更を行って、リスクを考慮したプロセスアプローチの運用を要求事項とした、と考えることができます(図1.6 参照)。

　しかしながら、ISO 9001：2015 の改訂によって、プロセスアプローチが要求事項となったから、品質マネジメントシステムのプロセスを明確にしよう、ISO 9001 で要求されているプロセスアプローチの運用を行おうというような、要求事項になったから、プロセスアプローチは最低限どの程度行えばよいのか、というような考え方では、組織のパフォーマンス改善につなげることは期待できません。プロセスアプローチはパフォーマンス改善のためのツールとして、組織として積極的に取り組む必要があります。

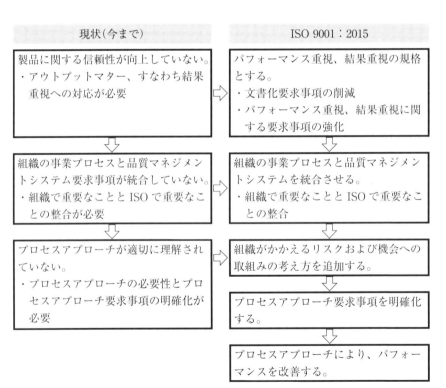

図1.6　ISO 9001：2015 とプロセスアプローチ

1.3 IATF 16949：2016 改訂とプロセスアプローチ

1.3.1 IATF 16949：2016 改訂の概要

ISO 9001 規格改訂に伴い、自動車産業の品質マネジメントシステム規格 ISO/TS 16949 は、IATF 16949 規格として生まれ変わりました。

ISO/TS 16949：2009 規格から IATF 16949：2016 規格への改訂内容を分類すると、次のようになります。

① 基本規格である ISO 9001 規格の変更

…リスクを考慮したプロセスアプローチなど、ISO 9001：2015 改訂の内容をそのまま取り入れている。

② 自動車産業の追加要求事項の変更

…従来の顧客固有の要求事項など、自動車産業の追加要求事項が増加している。

これらの改訂内容の詳細に関して、上記の①については、拙書『図解新 ISO 9001』を、そして②については、『図解よくわかる IATF 16949』を参照ください。

1.3.2 IATF 16949 とプロセスアプローチ

第2章で詳しく説明しますが、ISO 9001 では 2015 年の改訂において、プロセスアプローチが名実ともに要求事項となりました。

IATF 16949 では、旧規格の ISO/TS 16949 のときから、プロセスアプローチは最も重要な要求事項として扱われ、有効性とパフォーマンス改善に成果を上げてきました。したがって、プロセスアプローチに関しては、IATF 16949 としては基本的な変更はないといえます。

ただし IATF 16949 では、内部監査に関しては、プロセスアプローチ方式で内部監査を行うことが要求事項となりました。

なお、IATF 16949 で要求事項となったプロセスアプローチ内部監査は、ISO 9001 では要求事項ではありませんが、品質マネジメントシステムの有効性とパフォーマンス改善のために効果的な方法です。

第 1 章 ISO 9001/IATF 16949 規格改訂とプロセスアプローチ

　プロセスアプローチ内部監査の詳細については、本書の第 4 章を参照ください
い。

第2章

プロセスアプローチと
タートル図

第 2 章　プロセスアプローチとタートル図

　本章では、品質マネジメントシステムとプロセス、品質マネジメントシステムのプロセスアプローチ、タートル図および IATF 16949 のプロセスアプローチについて説明します。

　この章の項目は、次のようになります。

2.1	品質マネジメントシステムとプロセス
2.1.1	プロセスとは
2.1.2	品質マネジメントシステムとプロセス
2.1.3	プロセスの PDCA 改善サイクル
2.2	品質マネジメントシステムのプロセスアプローチ
2.2.1	ISO 9001 におけるプロセスアプローチ要求事項
2.2.2	タートル図
2.2.3	品質マネジメントシステムのプロセス
2.2.4	プロセスと部門および要求事項との関係
2.2.5	プロセスの大きさ
2.2.6	プロセスおよびプロセスの監視指標の例
2.3	IATF 16949 のプロセスアプローチ
2.3.1	IATF 16949 のプロセス
2.3.2	自動車産業のプロセスのタートル図
2.3.3	自動車産業のプロセスアプローチ内部監査

2.1　品質マネジメントシステムとプロセス

2.1.1　プロセスとは

　ISO 9000 規格(品質マネジメントシステム－基本および用語)(箇条3)では、プロセス(process)と製品(product)について、次のように述べています。

－ ISO 9000(箇条3)の要旨 －

ISO 9000 箇条3
① プロセスとは、インプット(input)を使用して意図した結果を生み出す一連の活動である。
② プロセスの意図した結果は、アウトプット(output)、製品またはサービスと呼ばれる。
③ プロセスのアウトプットは、つぎのプロセスのインプットとなる。各プロセスは、お互いに関連している。

　すなわち、組織内の各活動がそれぞれプロセスであり、プロセスの意図した結果が製品ということになります(図2.1 参照)。

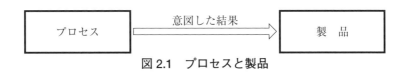

図2.1　プロセスと製品

　製品とは、一般的には顧客に提供するもの、すなわち最終製品をいいますが、ISOでは、部品・材料や、最終製品前の中間製品(半製品)も製品として扱います。また、サービス業において提供されるサービスも製品の一種となります。
　ISO 9001 規格ではプロセスの要素について、図2.2 のように示しています。また、製品設計プロセスのインプットとアウトプットの関係の例を、図2.3 に示します。

第2章　プロセスアプローチとタートル図

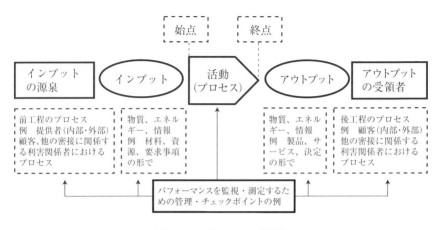

図 2.2　プロセスの要素

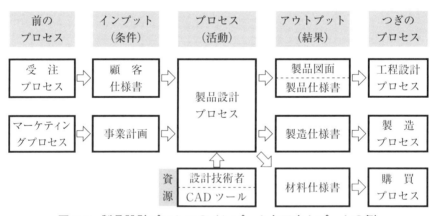

図 2.3　製品設計プロセスのインプットとアウトプットの例

2.1.2　品質マネジメントシステムとプロセス

　図 2.4 は、ISO 9001 規格の構造を示しています。中央の大きな円が、組織の品質マネジメントシステムを示しています。この図のリーダーシップ(箇条 5)、計画(箇条 6)、支援(箇条 7)、運用(箇条 8)、パフォーマンス評価(箇条 9)およ

び改善(箇条10)という、ISO 9001規格の各箇条は、PDCA改善サイクルで構成されることを示しています。

　この図は、組織の品質マネジメントシステムのインプットは、組織およびその状況(箇条4.1)と、利害関係者のニーズおよび期待(箇条4.2)、すなわち顧客要求事項であり、アウトプットは、品質マネジメントシステムの結果としての製品・サービスと顧客の満足であることを示しています。

　図2.4の考え方をプロセスに置き換えると、図2.5のようになります。一般的には、プロセスのインプットは材料で、プロセスのアウトプットは製品といわれていますが、プロセスのインプットには顧客の要求があり、アウトプットには顧客満足があるという考え方が、顧客満足を目的とするISO 9001の特徴です。

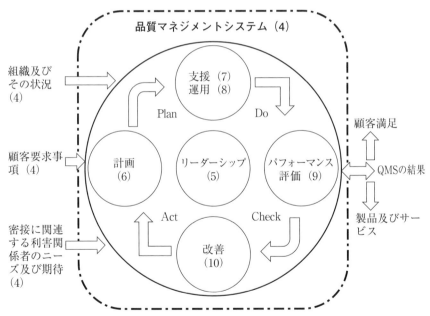

［備考］（　）内の数字はISO 9001規格の箇条番号を示す。
出典：JIS Q 9001：2015、図2を元に作成。

図2.4　ISO 9001規格の構造とPDCAサイクル

したがって ISO 9001 では、プロセスの材料だけでなく、そのプロセスに対する要求事項もインプットとなります。

図 2.6 は、製造業とサービス業における、プロセスと製品の例を示しています。この図の(a)の製造業の製造プロセスでは、インプットの材料を、製造プロセスによってアウトプットの製品に変換して顧客に提供することを示しています。また図(b)のサービス業のレストランの接客サービスプロセスでは、インプットは顧客の注文で、接客サービスは、製品に変換することなく、そのまま顧客に提供するサービスです。したがって、接客サービスはプロセスであり、かつ製品であるということになります。このようにサービス業の場合は、サービス業務そのものがプロセスであり、かつ製品となることがあります。

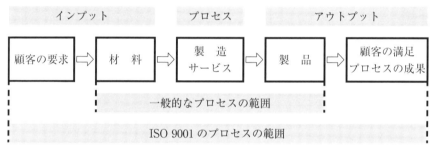

図 2.5　プロセスのインプットとアウトプット

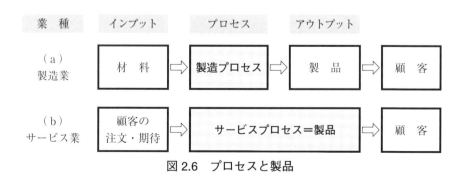

図 2.6　プロセスと製品

組織には多くのプロセスがあり、それらは相互に関係しています。上記に述べたように、組織の品質マネジメントシステムにはどのようなプロセスがあり、どのように関係しているのかを明確にして運営・管理することを求めています。

2.1.3 プロセスのPDCA改善サイクル

ISO 9001規格では、品質マネジメントシステムのプロセスをPDCA（plan 計画 － do 実行 － check 検証 － act 改善）改善サイクル（管理サイクル）で運用することを求めています。改善は、パフォーマンス（プロセスの結果）を改善することになります（図2.7、図2.8参照）。

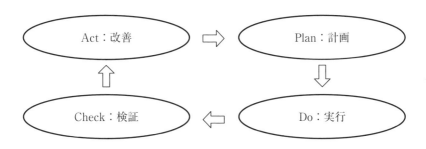

図2.7　PDCA改善サイクル

ステップ	実施事項
Plan（計画）	・システムとそのプロセスの目標を設定する。 ・必要な資源を準備する。 ・リスクおよび機会を特定する。
Do（実行）	・計画したことを実行する。
Check（監視・測定）	・プロセスとその結果としての製品・サービスを監視・測定する。
Act（改善）	・パフォーマンスを改善するための処置をとる。

図2.8　プロセスのPDCA

第2章　プロセスアプローチとタートル図

2.2　品質マネジメントシステムのプロセスアプローチ

2.2.1　ISO 9001 におけるプロセスアプローチ要求事項

ISO 9001 規格(序文)では、プロセスアプローチ(process approach)について、次のように述べています。

－ ISO 9001(序文)の要旨 －

ISO 9001 序文
① 　ISO 9001 規格は、顧客要求事項を満たすことによって顧客満足を向上させるために、品質マネジメントシステムを構築し、実施し、その品質マネジメントシステムの有効性を改善する際に、プロセスアプローチを採用することを促進する。
② 　プロセスアプローチの採用に不可欠と考えられる特定の要求事項を4.4 に規定している。

上記の①は、顧客満足の向上と、そのための品質マネジメントシステムの有効性の改善のために、プロセスアプローチの採用が有効であること、そして②は、プロセスアプローチの手順は箇条 4.4 に規定していることを述べています。

－ ISO 9001(箇条 4.4.1、4.4.2)の要旨 －

ISO 9001 箇条 4.4.1、4.4.2
① 　ISO 9001 規格要求事項にしたがって、品質マネジメントシステムを確立・実施・維持する。
② 　品質マネジメントシステムを継続的に改善する。
③ 　品質マネジメントシステムに必要なプロセスを決定する。
④ 　プロセスの相互作用を明確にする。
⑤ 　プロセスと組織の部門との関係を明確にする。
⑥ 　品質マネジメントシステムを、図 2.9 の a)～ h)に示すように運用する。
⑦ 　プロセスの運用に関する文書化した情報を維持する(文書の作成)。
⑧ 　プロセスが計画どおりに実施されたことを確信するための文書化した情報を保持する(記録の作成)。

30

2.2 品質マネジメントシステムのプロセスアプローチ

ISO 9001 規格(箇条 4.4.1、4.4.2)では、品質マネジメントシステムとプロセスに関して、前ページのように述べています。

そして、上記⑥に述べたように、品質マネジメントシステムのプロセスに関して、箇条 4.4.1 の a)〜h)に示す事項を実施することを求めています。これらの a)〜h)を図示すると、図 2.10 のような PDCA 改善サイクルの図として表すことができます。このように、品質マネジメントシステムの各プロセスをPDCA 改善サイクルで運用することが、プロセスアプローチであるといえます(図 2.11 参照)。

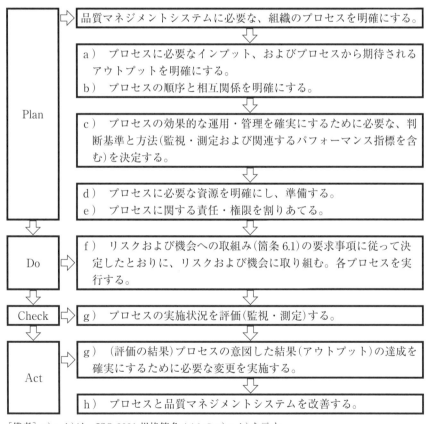

[備考] a)〜h)は、ISO 9001 規格箇条 4.4.1 の a)〜h)を示す。

図 2.9　プロセスアプローチのフロー

このことは、ISO 9001規格の旧版(2000年版および2008年版)でも述べられていましたが、"プロセスアプローチの採用に不可欠と考えられる特定の要求事項を4.4に規定する"という記載がなかったために、適切に理解されていなかったようです。なおIATF 16949規格では、旧規格のISO/TS 16949のときから、これをプロセスアプローチととらえて、適切に運用されていました。

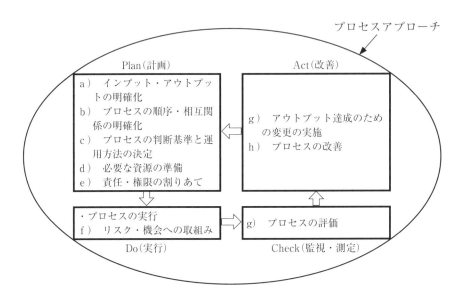

[備考] a)～h)はISO 9001規格(箇条4.4.1)の項目を示す。

図2.10　プロセスアプローチにおけるPDCA改善サイクル

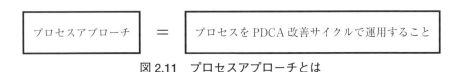

図2.11　プロセスアプローチとは

2.2.2 タートル図

ISO 9001 規格では、図 2.9 の a) 〜 h)に述べたように、プロセスアプローチによって品質マネジメントシステムを運用することを求めています。これを図示すると、図 2.12 に示すプロセス分析図のように表すことができます。

またこの図を少し簡単に表すと、図 2.13 のようになります。この図は、亀(かめ)のような形をしていることから、タートル図(タートルチャート、turtle chart、turtle model)とも呼ばれており、自動車産業の品質マネジメントシステム IATF 16949 において、広く利用されている手法です。

タートル図は、プロセス名称とプロセスオーナー、インプット、アウトプット、プロセスの運用のための物的資源(設備・システム・情報)、人的資源(要員・力量)、プロセスの運用方法(手順・技法)、およびプロセスの評価指標(監視・測定項目と目標値)の各要素で構成されています。

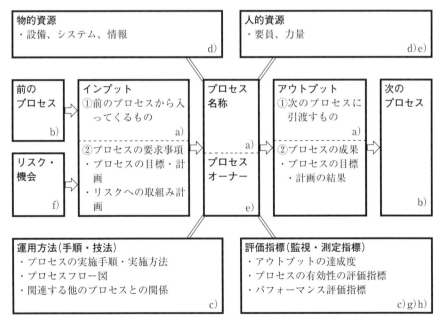

［備考］a)〜 h)は ISO 9001/IATF 16949 規格箇条 4.4.1 の a)〜 h)項を表す。

図 2.12　プロセス分析図の例

第2章 プロセスアプローチとタートル図

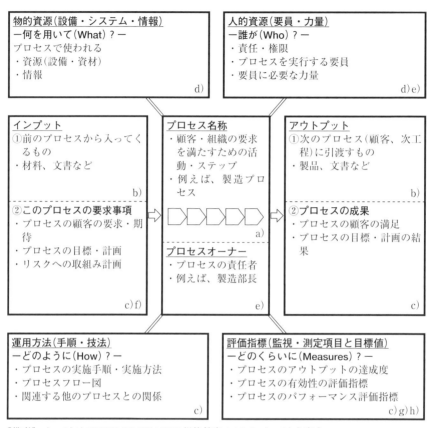

[備考] a)～h)はISO9001/IATF 16949 規格箇条 4.4.1 の a)～h)を表す。

図2.13 タートル図

　タートル図の要素の中でプロセスアプローチで重要な要素は、インプットと評価指標です。インプットは、一般的には前のプロセスから入ってくるものと考えられていますが、プロセスアプローチでは、図2.5に示したように、そのプロセスに対する要求事項をインプットして扱います。プロセスに対する顧客の要求・期待、組織の目標・計画、およびリスクへの取組みの計画などです。

　また、タートル図のプロセス評価指標は、次のように述べることができます。

① プロセスのアウトプットの達成度、プロセスの有効性の評価指標およびパフォーマンス評価指標などを含める。

34

②　プロセスの評価指標は、プロセスが有効であったかどうか、またはパフォーマンスの改善に寄与しているかどうかを示すもので、主要プロセス指標(KPI、key process index)として知られている。

タートル図作成の手順を図 2.14 に示します。タートル図の各要素はまた、図 2.15 に示すようなプロセスフロー図形式で表すこともできます。

製造プロセスのプロセスフロー図の例を図 2.16 に、タートル図の例を図 2.17 に示します。このように、各プロセスについてプロセスフロー図を作成しておくと、タートル図の作成が容易になります。なお、種々のプロセスのタートル図の例を第 7 章に示します。

タートル図は、プロセスアプローチ監査で有効なツールとなります。その具体的な方法については、第 4 章で説明します。

また品質管理に分野で、"5M 管理"という言葉があります。これは、製造工程は、作業者(man)、製造設備(machine)、材料(materials)および作業方法(method)および測定方法(measurement)の 5M の要素を管理することが重要であるというもので、図 2.18(p.39)に示すように特性要因図としても表されることがありますが、これらはまさに、タートル図の各要素に相当するといえます。

ステップ	実施事項
ステップ 1	成果物およびアウトプットを明確にする。
ステップ 2	アウトプットに対応するインプットおよび結果達成に必要な情報を明確にする。
ステップ 3	アウトプットに必要な装置を明確にする。
ステップ 4	アウトプット要求事項が満たされていることを確実にするためには誰が必要かを明確にする。
ステップ 5	要求されているアウトプットが満たされていることを確実にするために必要なシステムを明確にする。
ステップ 6	結果が達成されていることを確実にするために用いられる指標、そして逸脱している場合になすべきことを明確にする。

図 2.14　タートル図作成の手順

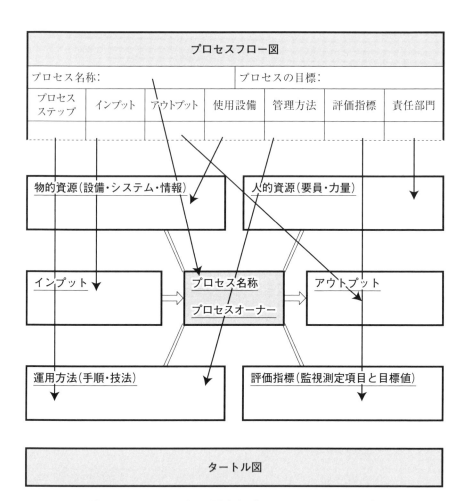

図 2.15　タートル図の要素とプロセスフロー図の要素

2.2　品質マネジメントシステムのプロセスアプローチ

ステップ	アウトプット	使用設備	手順（規定類）	評価指標

（受注プロセスから）

ステップ	アウトプット	使用設備	手順（規定類）	評価指標
生産計画（毎月）	・生産計画書 ・材料発注計画	・生産管理システム、在庫管理システム	・生産管理規定	・在庫回転率 ・対前月増減数 ・設備稼働計画
材料発注受入検査	・材料注文書 ・入荷材料 ・検査記録	・資材発注システム ・受入検査装置	・購買管理規定 ・受入検査規定 ・材料仕様書	・納期達成率 ・材料ロット不合格率
材料加工	・中間製品 ・加工記録 ・設備記録	・材料加工設備	・材料加工要領 ・加工図面	・設備故障件数 ・設備修理費用
工程内検査	・検査済中間製品 ・検査記録	・工程内検査装置	・工程内検査規定 ・検査規格	・検査不良率 ・不適合品記録 ・特別採用記録
製品組立	・組立済製品 ・作業記録 ・設備記録	・製品組立設備	・製品組立要領 ・組立図面	・機械チョコ停時間、直行率 ・設備稼働率
最終検査	・完成品 ・最終検査記録	・製品検査装置	・製品検査規定 ・製品規格	・検査不良率 ・工程能力指数 ・生産歩留率
包装・梱包	・包装済製品 ・梱包済製品	・包装装置 ・梱包装置 ・バーコード	・包装要領 ・梱包要領	・梱包・包装トラブル
製品出荷	・出荷入力 ・出荷伝票 ・納品書	・生産管理システム、出荷管理システム	・製品出荷規定 ・輸送要領	・納期達成率 ・生産リードタイム

（フォローアッププロセスへ）

［備考］　プロセスフロー図には、タートル図の要素であるインプット、人的資源などの欄を設けることが望ましいが、ここでは紙面の都合で省略している。

図 2.16　製造プロセスのプロセスフロー図の例

第2章　プロセスアプローチとタートル図

物的資源（設備・システム・情報）	人的資源（要員・力量）
・製造設備 ・監視機器 ・生産管理システム、出荷管理システム ・資材発注システム、在庫管理システム ・試験所 ・製造場所・作業環境の管理	・資格認定作業者 ・生産管理担当者 ・要員の力量 　－製造設備使用者 　－特殊工程作業者 　－ SPC 技法（工程能力、管理図）

インプット	プロセス名称	アウトプット
①前のプロセスから ・材料・部品 ・製造仕様書 ・加工図面、組立図面 ・設備保全計画 ・工程特殊特性 ・工程FMEA - - - - - - - - - - - - - ②このプロセスの要求事項 ・顧客要求事項 ・生産計画 ・製造コスト計画	製造プロセス プロセスオーナー 製造部長	①次のプロセスへ ・完成品 ・生産実績記録、 ・加工・組立作業記録 ・設備保全記録 ・工程の出来事の記録 - - - - - - - - - - - - - ②プロセスの成果 ・顧客要求事項の結果 ・生産実績 ・製造コスト実績 ・生産性実績

運用方法（手順・技法）	評価指標（監視・測定項目と目標値）
・製造工程フロー図 ・コントロールプラン ・作業指示書 ・生産管理規定、製造管理規定 ・設備の予防保全・予知保全規定 ・段取り検証規定、治工具管理規定 ・監視機器・測定機器管理規定 ・識別・取扱い・包装・保管・保護規定 ・検査基準書 ・加工作業標準、組立作業標準 ・包装・梱包作業標準 ・出荷管理規定 ・設備保全規定	・プロセスの各アウトプットの達成度 ・不良品質コスト、生産歩留率 ・工程能力指数（製品特性、工程パラメータ ・機械チョコ停時間、直行率 ・段取り替え、金型変更回数 ・生産進捗予定達成率 ・生産リードタイム ・納期達成率、特別輸送費、在庫回転率 ・顧客の返品数、特別採用件数 ・製造コスト ・設備稼働率 ・不安定・能力不足に対する処置

図 2.17　製造プロセスのタートル図の例

2.2 品質マネジメントシステムのプロセスアプローチ

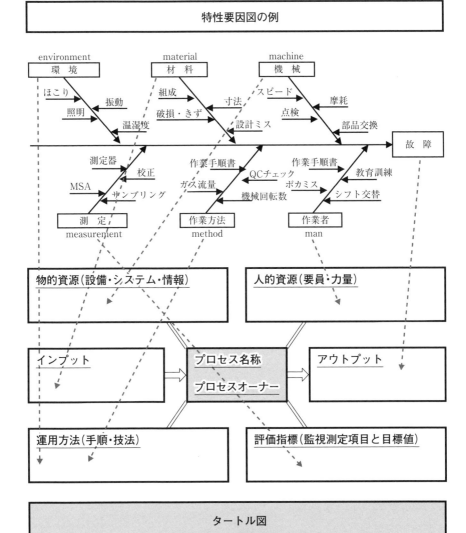

図 2.18　タートル図の要素と特性要因図の 5M の要素

2.2.3　品質マネジメントシステムのプロセス

　ISO 9001 規格(箇条 4.4.1)では、"組織は、品質マネジメントシステムに必要なプロセスを決定しなければならない"と述べています。品質マネジメントシステムのプロセスは、組織自身で決めることが必要です。

　品質マネジメントシステムのプロセスは、例えば、運用(製品実現)プロセス、支援プロセスおよびマネジメントプロセスの3つに分類することができます。運用(製品実現)プロセスは、ISO 9001 の目的である品質保証と顧客満足のための主要プロセスです。支援プロセスは、運用(製品実現)プロセスを支援するプロセス、そしてマネジメントプロセスは、品質マネジメントシステム全体を管理するプロセスです(図 2.19 参照)。

　製造業の運用(製品実現)プロセスには、例えば、受注プロセス、製品の設計・開発プロセス、製造工程の設計・開発プロセス、購買プロセス、製造プロセス、および製品の出荷プロセスなどが考えられます。支援プロセスには、例えば、教育訓練プロセス、設備保全プロセスおよび測定器管理プロセスなどが、またマネジメントプロセスには、例えば、方針展開プロセス、顧客満足プロセスおよび内部監査プロセスなどが考えられます。これらの各プロセスのつながりを図示すると、図 2.20 に示すプロセスマップのようになります。

　その他、商社、レストランおよび建設業の場合のプロセスマップの例を、図 2.21、図 2.22 および図 2.23 に示します。

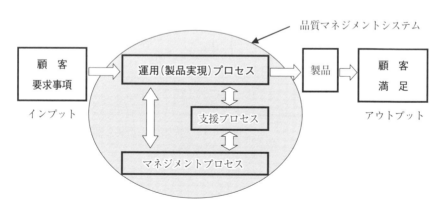

図 2.19　品質マネジメントシステムのプロセスの例

2.2 品質マネジメントシステムのプロセスアプローチ

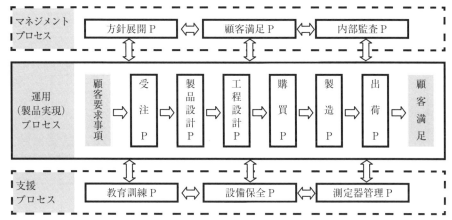

[備考] P：プロセス

図 2.20　プロセスマップ（製造業の例）

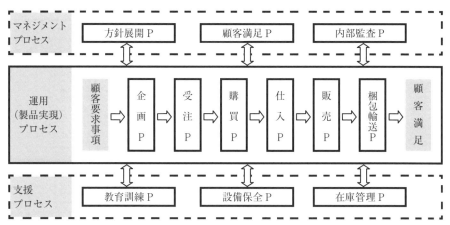

[備考] P：プロセス

図 2.21　プロセスマップ（商社の例）

第2章　プロセスアプローチとタートル図

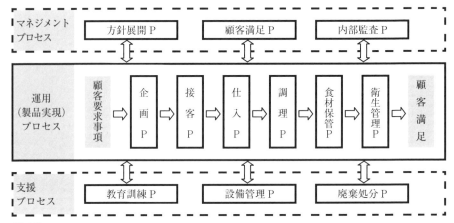

[備考] P：プロセス

図 2.22　プロセスマップ（レストランの例）

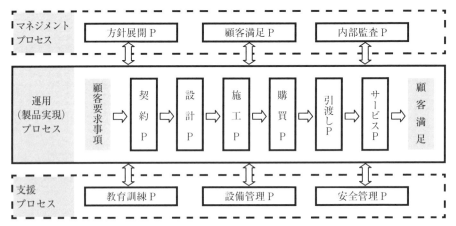

[備考] P：プロセス

図 2.23　プロセスマップ（建設業の例）

2.2.4 プロセスと部門および要求事項との関係

ISO 9001 規格(箇条 4.4.1)では、"組織は、品質マネジメントシステムに必要なプロセスおよびそれらの組織への適用を決定にしなければならない"と述べています。組織が決めた品質マネジメントシステムのプロセスと、組織の部門との関係を明確にすることが必要です。

品質マネジメントシステムのプロセスと組織の部門との関係(プロセスオーナー表)の例を図 2.25 〜図 2.28(pp.44 〜 45)に、また、プロセスと ISO 9001 規格要求事項との関係の例を図 2.29 〜図 2.30(pp.46 〜 47)に示します。

なおプロセスは、部門名や要求事項と混同されることがあり、注意が必要です。プロセスの名称が部門名と同じとなる場合もありますが、一般的には、組織の部門や機能はプロセスではありません。プロセスは通常、複数の部門をまたがっており、また 1 つの部門の中に複数のプロセスが存在することがあります。

規格の条項(ISO 9001 規格要求事項の項目名)もプロセスではありません。要求事項はプロセスで満たされます。まず組織のプロセスを明確にし、次にプロセスに要求事項を適用することが必要です(図 2.24 参照)。

また、手順に関する要求事項もプロセスに関する要求事項とは異なります。手順とは、一般的にプロセスを満たす方法のことであり、ある手順は 1 つのプロセスで、あるいは複数のプロセスで使われる場合があります。

品質マネジメントシステムのプロセスとは、品質マネジメントシステムに関して、PDCA 改善の対象となる活動と考えるとよいでしょう。

プロセス名	≠	部門名
プロセス名	≠	規格要求事項の項目名
プロセス	=	PDCA 改善対象となる組織の活動

図 2.24 プロセスと、部門名および規格要求事項

部門＼プロセス	運用（製品実現）P						支援P			マネジメントP		
	受注P	製品設計P	工程設計P	購買P	製造P	出荷P	教育訓練P	設備保全P	測定機器P	方針管理P	顧客満足P	内部監査P
経営者	○	○	○	○	○	○	○			◎	○	○
管理責任者	○	○	○	○	○	○	○			○	○	◎
営業部	◎	○	○			○	○			○	◎	○
設計部	○	◎	○				○			○		○
工程設計部		○	◎	○	○		○			○		○
資材部		○	○	◎	○	○				○		○
製造部	○	○	○	○	◎	○	○	◎	○	○		○
品質保証部	○	○	○	○	○	○	○	○	◎	○		○
物流センター	○			○	○	◎				○		○

［備考］P：プロセス、 ◎：主管部門、 ○：関係部門

図 2.25　プロセスオーナー表（製造業の例）

部門＼プロセス	運用（製品実現）P						支援P			マネジメントP		
	企画P	受注P	購買P	仕入P	販売P	梱包輸送P	教育訓練P	設備管理P	在庫管理P	方針展開P	内部監査P	顧客満足P
経営者	○	○	○	○	○	○	○			◎	○	○
管理責任者	○	○	○	○	○	○	○	○	○	○	◎	○
企画部	◎	○	○	○	○	○	○			○		○
営業部	○	◎	○		◎	○	○			○		○
商品部	○		◎	◎	○	○	○			○		○
物流センター		○			○	◎	○	◎	◎	○		○
総務部							◎				○	○

［備考］P：プロセス、◎主管部門、○関係部門

図 2.26　プロセスオーナー表（商社の例）

2.2 品質マネジメントシステムのプロセスアプローチ

部門＼プロセス	運用(製品実現)P						支援P			マネジメントP		
	企画P	接客P	仕入P	調理P	食材保管P	衛生管理P	教育訓練P	設備管理P	廃棄処分P	方針展開P	顧客満足P	内部監査P
経営者	○	○	○	○	○	○	○			◎	○	○
管理責任者	○	○	○	○	○	○	○	○	○	○	○	◎
企画室	◎	○	○	○	○	○				○	○	○
営業部	○	○	○	○	○	○				○	◎	○
接客係	○	◎	○	○	○	○						
仕入係	○	○	◎	○	◎	○						
調理係	○	○	○	◎	○	◎		◎	◎			
総務部							◎			○	○	○

［備考］P：プロセス、◎主管部門、○関係部門

図 2.27　プロセスオーナー表(レストランの例)

部門＼プロセス	運用(製品実現)P						支援P			マネジメントP		
	契約P	設計P	施工P	購買P	引渡しP	サービスP	教育訓練P	設備管理P	安全管理P	方針展開P	内部監査P	顧客満足P
経営者	○	○	○	○	○	○	○			◎	○	○
管理責任者	○	○	○	○	○	○	○	○	○	○	◎	○
営業部	◎	○	○	○	○	○				○	○	○
設計室	○	◎	○	○	○	○				○	○	○
建築工事部	○	○	◎	◎	○	○		○		○	○	○
土木工事部	○	○	◎	○	○	○		○		○	○	○
安全管理室			○				○		◎			
総務部							◎			○	○	○

［備考］P：プロセス、◎主管部門、○関係部門

図 2.28　プロセスオーナー表(建設業の例)

第2章　プロセスアプローチとタートル図

要求事項 / プロセス	運用（製品実現）P						支援P			マネジメントP		
	受注P	製品設計P	工程設計P	購買P	製造P	出荷P	教育訓練P	設備保全P	測定機器P	方針管理P	顧客満足P	内部監査P
4　組織の状況												
4.1　組織とその状況の理解	○	○	○	○	○	○	○			◎	○	○
4.2　利害関係者のニーズ・期待の理解	○	○	○	○	○	○	○			○	◎	○
4.3　QMS の適用範囲の決定	○	○	○	○	○	○				◎	○	○
4.4　QMS とそのプロセス	○	○	○	○	○	○	○	○	○	◎	○	○
5　リーダーシップ												
5.1　リーダーシップ・コミットメント	○	○	○	○	○	○	○	○	○	◎	○	○
5.2　方針	○	○	○	○	○	○				◎	○	○
5.3　組織の役割、責任・権限	○	○	○	○	○	○	○			◎	○	○
6　計画												
6.1　リスクおよび機会への取組み	○	○	○	○	○	○	○	○	○	◎	○	○
6.2　品質目標とその達成計画策定	○	○	○	○	○	○				◎	○	○
7　支援												
7.1　資源	○	○	○	○	○	○	○	○	○	◎	○	○
7.2　力量	○	○	○	○	○	○	◎	○	○	○	○	○
7.3　認識	○	○	○	○	○	○	◎	○	○	○	○	○
7.4　コミュニケーション	○	○	○	○	○	○	○			○	◎	○
7.5　文書化した情報	○	○	○	○	○	○				◎	○	○
8　運用												
8.1　運用の計画および管理	○	◎	○	○	○	○				○	○	○
8.2　製品・サービスに関する要求事項		◎	○	○	○	○				○	○	○
8.3　製品・サービスの設計・開発		◎	○	○			○	○	○			○
8.4　外部提供プロセス・製品・サービスの管理				◎			○					○
8.5　製造・サービス提供			○	○	◎	○						○
8.6　製品・サービスのリリース				○	○	◎						○
8.7　不適合なアウトプットの管理		○	○		◎	○						○
9　パフォーマンス評価												
9.1　監視・測定・分析・評価	○	○	○	○	○	○	○	○	○	○	◎	○
9.2　内部監査	○	○	○	○	○	○	○	○	○	○	○	◎
9.3　マネジメントレビュー	○	○	○	○	○	○	○	○	○	◎	○	○
10　改善												
10.1　一般	○	○	○	○	○	○	○	○	○	◎	○	○
10.2　不適合・是正処置	○	○	○	○	◎	○	○	○	○	○	○	○
10.3　継続的改善	○	○	○	○	○	○	○	○	○	◎	○	○

［備考］P：プロセス、◎：主管部門、○：関係部門

図 2.29　プロセス－要求事項関連図（製造業の例）

2.2 品質マネジメントシステムのプロセスアプローチ

要求事項＼プロセス	運用（製品実現）P						支援P			マネジメントP		
	企画P	接客P	仕入P	調理P	食材保管P	衛生管理P	教育訓練P	設備管理P	廃棄処分P	方針展開P	顧客満足P	内部監査P
4　組織の状況												
4.1　組織とその状況の理解	○	○	○	○	○	○			○	○	○	○
4.2　利害関係者のニーズ・期待の理解	○	◎	○	○	○	○	○	○	○	○	◎	○
4.3　QMSの適用範囲の決定	○								○	◎	○	○
4.4　QMSとそのプロセス	○	○	○	○	○	○	○	○	○	◎	○	○
5　リーダーシップ												
5.1　リーダーシップ・コミットメント	○	○	○	○	○	○	○	○	○	◎	○	○
5.2　方針	○	○	○	○	○	○	○	○	○	◎	○	○
5.3　組織の役割、責任・権限	○	○	○	○	○	○	○	○	○	◎	○	○
6　計画												
6.1　リスクおよび機会への取組み	○	○	○	○	○	○	○	○	○	◎	○	○
6.2　品質目標とその達成計画策定	○	○	○	○	○	○	○	○	○	◎	○	○
7　支援												
7.1　資源		○	○	○	○	○	○	○	○	◎	○	○
7.2　力量		○	○	○	○	○	◎	○	○	○	○	○
7.3　認識		○	○	○	○	○	◎	○	○	○	○	○
7.4　コミュニケーション		○	○	○	○	○	○	○	○	○	◎	○
7.5　文書化した情報	○	○	○	○	○	○	○	○	○	◎	○	○
8　運用												
8.1　運用の計画および管理	◎	○	○	○	○	○	○	○	○	○	○	○
8.2　製品・サービスに関する要求事項	◎	○									○	
8.3　製品・サービスの設計・開発	◎	○					○	○				
8.4　外部提供プロセス・製品・サービスの管理		○	◎				○	○				
8.5　製造・サービス提供	○	◎	○	◎	○	○						
8.6　製品・サービスのリリース		◎		○		○						
8.7　不適合なアウトプットの管理	○	◎	○	○	○	○					○	
9　パフォーマンス評価												
9.1　監視・測定・分析・評価	○	○	○	○	○	○	○	○	○	◎	○	○
9.2　内部監査	○	○	○	○	○	○	○	○	○	○	○	◎
9.3　マネジメントレビュー	○	○	○	○	○	○	○	○	○	◎	○	○
10　改善												
10.1　一般	○	○	○	○	○	○	○	○	○	◎	○	○
10.2　不適合・是正処置	○	◎	○	○	○	○	○	○	○	○	○	○
10.3　継続的改善	○	○	○	○	○	○	○	○	○	◎	○	○

［備考］P：プロセス、◎：主管部門、○：関係部門

図2.30　プロセス－要求事項関連図（レストランの例）

第 2 章　プロセスアプローチとタートル図

2.2.5　プロセスの大きさ

　ここで、プロセスの大きさについて考えてみます。図 2.31 の(a)は、品質マネジメントシステムのプロセスが、マネジメントプロセス、運用(製品実現)プロセスおよび支援プロセスという 3 つの大きなプロセスで構成されていることを示しています。また(b)は、運用(製品実現)プロセスを少し小さく分けた、受注プロセス、設計・開発プロセス、購買プロセスおよび製造プロセスという中程度のプロセスのつながりを示します。そして(c)は、設計・開発プロセスをさらに小さく分けた、製品設計計画、基本設計、デザインレビュー、詳細設計、試作・設計検証、および妥当性確認という小さなプロセス(サブプロセスまたはプロセスのステップ)のつながりを示しています。

　これらの大きなプロセス、中程度のプロセス、および小さなプロセスは、いずれも PDCA サイクルで運用されることが必要です。すなわち、大きな PDCA と小さな PDCA があることになります。

　品質マネジメントシステムのプロセスとして特定したプロセスは、管理すること(監視・測定、分析、改善)、すなわち PDCA 改善サイクルで運用することが必要です。したがって、プロセスの大きさを決める場合は、次のことを考慮することになります(図 2.32 参照)。

①　そのプロセスは管理する必要があるか?

②　そのプロセスは改善する必要があるか?

③　そのプロセスは PDCA サイクルによって管理しやすいか?

　例えば、種々の製品グループの製品を設計・開発している組織で、製品グループによって設計・開発手法が異なるような場合に、一つの設計・開発プロセスとしてしまうと、複雑になり、管理が困難になります。そのような場合は、例えば、設計・開発プロセス A、設計・開発プロセス B のように、設計・開発プロセスを分けたほうがよいでしょう。逆に、プロセスを小さくしすぎても、管理が困難になることがあります。

　このことは、製造プロセス、購買プロセス、販売プロセスなど、組織の各プロセスについて当てはまります。プロセスアプローチの運用を効果的なものにするためには、この点を考慮して、プロセスの大きさを決めることが必要です。

48

2.2 品質マネジメントシステムのプロセスアプローチ

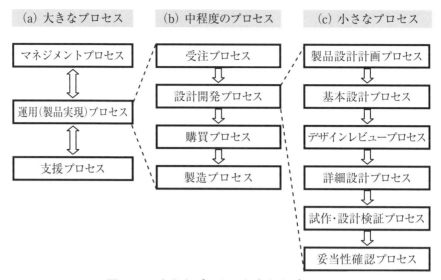

図 2.31　大きなプロセスと小さなプロセス

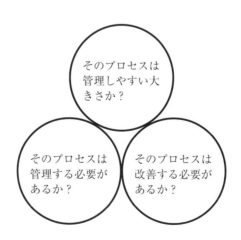

図 2.32　プロセスの大きさを決める要素

49

2.2.6　プロセスおよびプロセスの監視指標の例

　設計・開発プロセスの例について述べましょう。IATF 16949 では、製品の設計・開発の手段として、APQP（先行製品品質計画：advanced product quality plan）などのプロジェクトマネジメント手法を用いることを述べています。APQP は、新製品の計画から量産までの製品実現の一貫した段階を対象としています。APQP の概要を図 2.33 に示します。

　APQP は、(1) プログラムの計画・定義、(2) 製品の設計・開発、(3) プロセス（製造工程）の設計・開発、(4) 製品・プロセスの妥当性確認、および (5) 量産・改善（フィードバック・評価・是正処置）の 5 つのフェーズ（段階）で構成されています。すなわち、設計・開発プロセスが PDCA サイクルで運用されています。

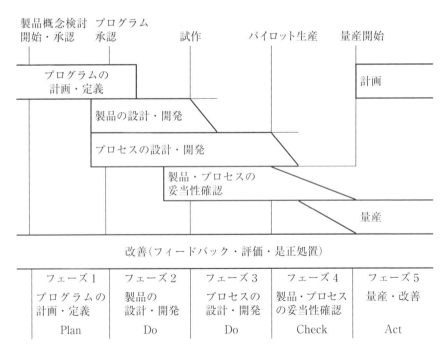

［備考］フェーズ 1〜フェーズ 5 が、PDCA 改善サイクルで構成されている。

図 2.33　IATF 16949 における APQP のフェーズ

2.2 品質マネジメントシステムのプロセスアプローチ

　組織で定義したプロセスは、PDCA サイクルで運用するために、監視することが必要です。各プロセスの監視・測定指標の例を図 2.34 に示します。

区　分	プロセス	プロセスの監視・測定指標	
マネジメントプロセス	方針展開プロセス	・設定品質目標対前年改善度 ・品質目標達成度 ・品質目標実行計画実施度	・品質目標実行計画改善度 ・各プロセスの計画達成度 ・次期目標への繰り越し件数
	顧客満足プロセス	・顧客満足度 ・顧客クレーム件数 ・顧客返品率	・マーケットシェア ・顧客補償請求金額 ・納期遅延率
	内部監査プロセス	・不適合件数対前年増減数 ・改善の機会対前年増減数 ・有効性指摘対前年増減度	・適合性指摘対前年増減度 ・期限内是正処置完了改善率 ・監査員力量対前年改善度
支援プロセス	教育訓練プロセス	・教育訓練計画実施率 ・教育訓練有効性評価結果 ・資格認定試験の合格率	・社内講師力量評価結果 ・外部セミナー受講費用 ・自らの役割の認識度
	設備管理プロセス	・機械チョコ停時間 ・直行率 ・設備稼働率	・設備修理時間 ・設備修理費用 ・段取り時間
	測定機管理プロセス	・測定器校正外れ発生件数 ・MSA 評価結果不合格件数 ・校正技術者多能工化率	・測定技能者多能工化率 ・測定器社内校正率 ・測定機器稼働率
製造業の運用（製品実現）プロセス	マーケティングプロセス	・新製品企画件数 ・APQP 開発計画達成度 ・販売見込金額	・利益見込率 ・マーケットシェア見込み ・新規顧客開件数
	受注プロセス	・レビュー所要日数 ・受注率 ・受注システム入力ミス件数	・受注金額 ・利益見込率 ・マーケットシェア
	製品設計プロセス	・設計計画期限達成率 ・初回設計成功率 ・試作回数、設計変更回数	・開発コスト ・特殊特性の工程能力指数 ・VA・VE 提案件数・金額
	工程設計プロセス	・試作回数、試作コスト ・製造リードタイム ・工程能力指数	・特殊特性工程能力指数 ・製造コスト ・VA・VE 提案件数・金額

［備考］各監視・測定指標は、対計画達成度または対前年改善度で有効性を評価する。

図 2.34　プロセスの監視・測定指標の例(1/2)

第2章　プロセスアプローチとタートル図

区　分	プロセス	プロセスの監視・測定指標	
製造業の運用（製品実現）プロセス（続き）	購買プロセス	・購買製品受入検査不合格率 ・購買製品の納期達成率 ・購買製品の特別輸送費	・外注先不良発生費用 ・購買先監査の不適合件数 ・供給者 QCD 評価結果
	製造プロセス	・生産歩留率 ・生産リードタイム ・製造コスト	・特殊特性工程能力指数 ・機械チョコ停時間、直行率 ・設備稼働率
	製品検査プロセス	・受入検査不合格率 ・工程内検査不良率 ・最終検査不良率	・定期検査不良件数 ・特別採用件数 ・製品特性の工程能力指数
	引渡しプロセス	・納期達成率 ・特別輸送費 ・在庫回転率	・輸送事故件数 ・梱包装置故障回数 ・顧客クレーム件数
	フィードバックプロセス	・顧客満足度改善度 ・製造工程改善度 ・供給者パフォーマンス	・顧客からの返品率改善度 ・納期遵守率 ・特別輸送費改善度
商社の運用（製品実現）プロセス	仕入プロセス	・仕入れ納期 ・在庫回転率 ・受入検査不適合件数	・データベース登録ミス件数 ・仕入先評価結果 ・仕入コスト
	販売プロセス	・販売金額 ・顧客納期 ・輸送トラブル件数	・入金遅延件数 ・納期厳守率 ・出荷リードタイム
レストランの運用（製品実現）プロセス	企画プロセス	・料理の味・見栄えの評価 ・販売見込み ・価格・コスト見込み	・顧客アンケート結果 ・企画レビュー回数 ・採算性見込み
	接客サービスプロセス	・顧客の待ち時間 ・注文内容確認ミス件数 ・注文内容伝達ミス件数	・レジ機入力ミス件数 ・顧客アンケート結果 ・顧客満足度
建設業の運用（製品実現）プロセス	建築設計プロセス	・企画提案書顧客承認率 ・基本設計見直し回数 ・詳細設計見直し回数	・契約率対計画達成度 ・利益率対計画達成度 ・完成検査一発合格率
	建築施工プロセス	・工程内検査手直し件数 ・最終検査手直し件数 ・顧客立会検査手直し件数	・各協力業者の工期遵守率 ・工事施工利益率 ・安全点検指摘件数

［備考］各監視・測定指標は、対計画達成度または対前年改善度で有効性を評価する。

図 2.34　プロセスの監視・測定指標の例（2/2）

2.3 IATF 16949 のプロセスアプローチ

2.3.1 IATF 16949 のプロセス

　IATF 16949 では、品質マネジメントシステムのプロセスを、顧客志向プロセス(COP、customer oriented process)、支援プロセス(SP、support process)およびマネジメントプロセス(MP、management process)の3つに分類しています。支援プロセスは、顧客志向プロセスを支援するプロセス、マネジメントプロセスは、品質マネジメントシステム全体を管理するプロセスです(図2.35、図2.36参照)。

　顧客志向プロセスは、顧客から直接インプットがあり、顧客に直接アウトプットする、顧客満足のために顧客とのつながりが強いプロセスです。ISO 9001の運用(製品実現)プロセスに相当します。例えば、マーケティングプロセス、受注プロセス、製品設計・開発プロセス、工程設計・開発プロセス、製造プロセス、製品検査プロセス、引渡しプロセス、フィードバックプロセスなどがあります。

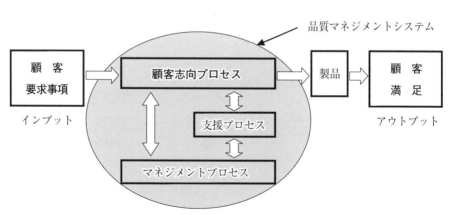

図2.35　自動車産業の品質マネジメントシステムのプロセス

IATF 16949 では、特に顧客志向プロセス(COP)を重視しています。顧客志向プロセスについて、組織を中心、顧客を外側に図示すると図 2.37 のようになります。この図は、蛸(たこ)のような形をしていることから、オクトパス図(octopus model)と呼ばれています。

IATF 16949 のプロセスは、ISO 9001 と同様、組織自身が決めることが必要です。

プロセス	内　容
顧客志向プロセス	・顧客のために直接作用する。 ・付加価値を作り出し、顧客満足を得ることを焦点とする。
支援プロセス	・他のプロセスが機能するように、次の支援を行う。 　－必要な資源を提供する。 　－リスク管理に貢献する。
マネジメントプロセス	・目標設定、目標達成のための改善活動の計画、およびデータの分析を行うことによって、各プロセスの継続的改善を確実にする。 ・すべてのプロセスと相互に作用し合う。

図 2.36　顧客志向プロセス、支援プロセスおよびマネジメントプロセス

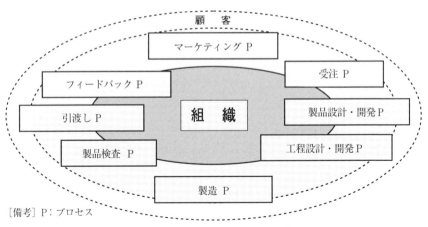

[備考] P：プロセス

図 2.37　顧客志向プロセスとオクトパス図の例

2.3.2　自動車産業のプロセスのタートル図

　自動車産業のプロセスのタートル図は、基本的には図2.13（p.34）に示したものと同じです。ただし、タートル図のインプット項目は、ISO 9001では主として前のプロセスのアウトプットであるのに対して、IATF 16949では顧客要求事項などのそのプロセスに対する要求事項が中心となります（図2.38参照）。

2.3.3　自動車産業のプロセスアプローチ内部監査

　IATF 16949では、内部監査を、有効性の監査手法であり、パフォーマンスの改善に効果的な、自動車産業のプロセスアプローチ方式で行うことを求めています。これは、ISO 9001認証組織にとっても、非常に効果的な監査方式です。自動車産業のプロセスアプローチ内部監査の詳細については、本書の第4章で説明します。

```
┌─────────────────────────────┐    ┌─────────────────────────────┐
│ 物的資源（設備・システム・情報） │    │ 人的資源（要員・力量）         │
│ －何を用いて（What）？－        │    │ －誰が（Who）？－              │
│ プロセスで使われる              │    │ ・責任・権限                  │
│ ・資源（設備・資材）            │    │ ・プロセスを実行する要員       │
│ ・情報                         │    │ ・要員に必要な力量             │
└─────────────────────────────┘    └─────────────────────────────┘

┌─────────────────┐  ┌─────────────────┐  ┌─────────────────┐
│ インプット       │  │ プロセス名称     │  │ アウトプット     │
│ このプロセスの   │  │ ・顧客・組織の要求│  │ プロセスの成果   │
│ 要求事項         │  │ を満たすための活 │  │ ・プロセスの顧客 │
│ ・プロセスの顧客 │  │ 動・ステップ    │  │ の満足          │
│ の要求・期待     │⇒│ ・例えば、製造プ │⇒│ ・プロセスの目標・│
│ ・プロセスの目標・│  │ ロセス          │  │ 計画の結果       │
│ 計画             │  │                 │  │                 │
│ ・リスクへの取組 │  │ プロセスオーナー │  │                 │
│ み計画           │  │ ・プロセスの責任者│  │                 │
│                 │  │ ・例えば、製造部長│  │                 │
└─────────────────┘  └─────────────────┘  └─────────────────┘

┌─────────────────────────────┐    ┌─────────────────────────────┐
│ 運用方法（手順・技法）         │    │ 評価指標（監視・測定項目と目標値）│
│ －どのように（How）？－        │    │ －どのくらいに（Measures）？－ │
│ ・プロセスの実施手順・実施方法 │    │ ・プロセスのアウトプットの達成度│
│ ・プロセスフロー図             │    │ ・プロセスの有効性の評価指標   │
│ ・関連する他のプロセスとの関係 │    │ ・プロセスのパフォーマンス評価指標│
└─────────────────────────────┘    └─────────────────────────────┘
```

図 2.38　IATF 16949 のタートル図

第3章

品質マネジメントシステム内部監査

第 3 章　品質マネジメントシステム内部監査

　本章では、内部監査の目的、品質マネジメントシステム内部監査要求事項、および監査プログラムについて説明します。

　この章の項目は、次のようになります。

3.1	内部監査の目的
3.1.1	監査の種類
3.1.2	マネジメントシステム監査の規格　ISO 19011
3.1.3	監査の原則
3.2	品質マネジメントシステム内部監査要求事項
3.2.1	ISO 9001 における内部監査要求事項
⑴	内部監査の目的と監査プログラム
⑵	適合性、有効性、効率およびパフォーマンス
3.2.2	IATF 16949 における内部監査要求事項
⑴	内部監査プログラム
⑵	品質マネジメントシステム監査
⑶	製造工程監査
⑷	製品監査
3.3	監査プログラム
3.3.1	内部監査プログラム
3.3.2	内部監査の実施
⑴	内部監査計画とチェックリスト
⑵	情報の収集と検証
⑶	監査所見および監査結論
⑷	内部監査報告書
⑸	内部監査のフォローアップ
3.3.3	内部監査プログラムの監視およびレビュー・改善

3.1　内部監査の目的

3.1.1　監査の種類

　ISO 9000 規格(品質マネジメントシステム－基本および用語)では、監査の種類と目的について、図 3.1 および図 3.2 に示すように述べています。内部監査(internal audit)は、マネジメントレビューおよびその他の組織の目的のために、そして組織の要求事項への適合を宣言するために、組織自体(またはその代理人)によって行われます。

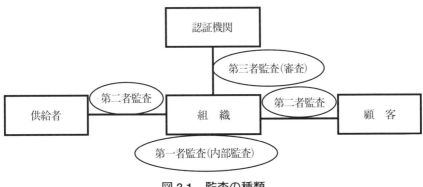

図 3.1　監査の種類

監査の種類		監査の目的	監査の実施者
内部監査	第一者監査	・マネジメントレビューおよびその他の内部目的のため ・組織の適合を宣言するため	・組織自体 (またはその代理人)
外部監査	第二者監査	・顧客の要求事項または信頼を確保するため ・顧客との商取引のため	・顧客など組織の利害関係者(またはその代理人)
	第三者監査 (審査)	・規格要求事項への適合を認証・登録するため	・外部の独立した機関 (認証機関)

［備考］　審査と監査(いずれも audit)は同義語であるが、監査のうち、品質マネジメントシステムの認証を目的とする第三者による監査を審査と呼んで、審査と監査が区別されることがある。

図 3.2　各種監査の目的

第 3 章　品質マネジメントシステム内部監査

3.1.2　マネジメントシステム監査の規格 ISO 19011

　ISO 19011 規格（マネジメントシステム監査のための指針）は、各種マネジメントシステムの監査に適用される規格です。ISO 19011 規格は、組織の内部監査（第一者監査）以外に、第二者監査にも適用されます。ISO 19011 規格の構成は、図 3.3 に示すようになります。ISO 9001 規格および IATF 16949 規格では、ISO 19011 に従って内部監査を行うことを述べています。

項　　目	内　　容
1　適用範囲 2　引用規格 3　用語および定義 4　監査の原則	
5　監査プログラム 　　の管理	5.1　一　般 5.2　監査プログラムの目的の設定 5.3　監査プログラムの策定 5.4　監査プログラムの実施 5.5　監査プログラムの監視 5.6　監査プログラムのレビューおよび改善
6　監査の実施	6.1　一　般 6.2　監査の開始 6.3　監査活動の準備 6.4　監査活動の実施 6.5　監査報告書の作成および配付 6.6　監査の完了 6.7　監査のフォローアップの実施
7　監査員の力量お 　　よび評価	7.1　一　般 7.2　監査プログラムのニーズを満たす監査員の力量の決定 7.3　監査員の評価基準の設定 7.4　監査員の適切な評価方法の選定 7.5　監査員の評価の実施 7.6　監査員の力量の維持および向上
附属書（参考）	附属書 A：分野に固有の監査員の知識および技能に関する手 　　　　　　引および例 附属書 B：監査を計画および実施する監査員に対する追加の 　　　　　　手引

図 3.3　ISO 19011 規格の構成

3.1.3 監査の原則

ISO 19011 規格では、監査の原則として、図 3.4 に示すように、a) 高潔さ、b) 公正な報告、c) 専門家としての正当な注意、d) 機密保持、e) 独立性および f) 証拠にもとづくアプローチの 6 項目を挙げています。

これは、適切でかつ十分な監査結論を導き出すため、そして、どの監査員も同じような結論に達することができるようにするための監査の原則です。

ISO 9001 および IATF 16949 の内部監査は、この監査の原則に従って行うことになります。

原則		内　容
a)　高潔さ	専門家であることの基礎 －監査員および監査プログラムの管理者は、次の事項を行うこと。	・自身の業務を正直に、勤勉に、かつ責任感をもって行う。 ・適用される法的要求事項全てに対し、注目し、順守する。 ・自身の業務を実施するに当たり、力量を実証する。 ・自身の業務を、公平な進め方で、すなわち、すべての対応において公正さをもち、偏りなく行う。 ・監査の実施中にもたらされ得る、自身の判断への影響全てに対し、敏感である。
b)　公正な報告	ありのままに、かつ、正確に報告する義務	・監査所見、監査結論および監査報告は、ありのままに、かつ正確に監査活動を反映する。 ・監査中に遭遇した顕著な障害、および監査チームと被監査者との間で解決に至らない意見の相違について報告する。 ・コミュニケーションはありのままに、正確で、客観的で、時宜を得て、明確かつ完全であること。
c)　専門家としての正当な注意	監査の際の広範な注意および判断	・監査員は、自らが行っている業務の重要性、ならびに監査依頼者およびその他の利害関係者が監査員に対して抱いている信頼に見合う正当な注意を払うこと。 ・専門家としての正当な注意をもって業務を行う場合の重要な点は、すべての監査状況において根拠ある判断を行う能力をもつことである。

図 3.4　監査の原則（1/2）

第3章　品質マネジメントシステム内部監査

原則		内　容
d)　機密保持	情報のセキュリティ	・監査員は、その任務において得た情報の利用および保護について慎重であること。 ・監査情報は、個人的利益のために、監査員または監査依頼者によって不適切に、または、被監査者の正統な利益に害をもたらす方法で使用しないこと。 ・この概念は、取扱いに注意を要するまたは機密性のある情報の適切な取扱いを含む。
e)　独立性	監査の公平性および監査結論の客観性の基礎	・監査員は、実行可能な限り、監査の対象となる活動から独立した立場にあり、すべての場合において、偏りおよび利害抵触がない形で行動すること。 ・内部監査では、監査員は監査の対象となる機能の運営管理者から独立した立場にあること。 ・監査員は、監査所見および監査結論が監査証拠だけにもとづくことを確実にするために、監査プロセス中、終始一貫して客観性を維持すること。 ・小規模の組織においては、内部監査員が監査の対象となる活動から完全に独立していることは難しい場合もあるが、偏りをなくし、客観性を保つあらゆる努力を行うこと。
f)　証拠にもとづくアプローチ	体系的な監査プロセスにおいて、信頼性および再現性のある監査結論に到達するための合理的な方法	・監査証拠は、検証可能なものであること。 ・監査は限られた時間および資源で行われるので、監査証拠は、一般的に、入手可能な情報からのサンプルにもとづくであろう。監査結論の信頼性に密接に関係しているため、サンプリングを適切に活用すること。

図 3.4　監査の原則(2/2)

	適合性の改善	有効性の改善	パフォーマンスの改善
目　的	要求事項への適合	目標・計画の達成	有効性・効率の改善
実績例	ISO 9001/IATF 16949 規格要求事項への適合	不良率の目標達成	不良率の継続的低減

図 3.5　適合性、有効性およびパフォーマンスの改善

3.2 品質マネジメントシステム内部監査要求事項

3.2.1 ISO 9001 における内部監査要求事項

(1) 内部監査の目的と監査プログラム

　ISO 9001 規格(箇条 9.2.1、9.2.2)では、内部監査の目的と監査プログラムに関して、次の①～③に示す事項を実施することを求めています。① a)は、いわゆる要求事項への適合性の確認に相当します。一方 b)は、品質マネジメン

－ ISO 9001(箇条 9.2.1、9.2.2)の要旨 －

ISO 9001(箇条 9.2.1、9.2.2)

① 品質マネジメントシステムが、次の状況にあるか否かに関する情報を提供するために、あらかじめ定めた間隔で内部監査を実施する。

　a) 品質マネジメントシステムは、次の事項に適合しているか。

　　1) 品質マネジメントシステムに関して、組織が規定した要求事項

　　2) ISO 9001 規格の要求事項

　b) 品質マネジメントシステムは、有効に実施され維持されているか。

② 内部監査に関して、次の事項を行う。

　a) 監査プログラムを計画・確立・実施および維持する。

　　・頻度・方法・責任・計画要求事項および報告を含む。

　　・監査プログラムは、関連するプロセスの重要性、組織に影響を及ぼす変更、および前回までの監査の結果を考慮に入れる。

　b) 各監査について、監査基準と監査範囲を定める。

　c) 監査プロセスの客観性・公平性を確保するために、監査員を選定し、監査を実施する。

　d) 監査の結果を関連する管理層に報告することを確実にする。

　e) 遅滞なく、適切な修正と是正処置を行う。

　f) 監査プログラムの実施および監査結果の証拠として、文書化した情報を保持する(記録の作成)。

③ 注記　手引として ISO 19011 を参照

トシステムが効果的に実施されているかどうか、すなわち目標や計画に対して結果はどうかを調べる、いわゆる品質マネジメントシステムの有効性の確認となります。このように、内部監査の目的には、適合性の確認と有効性の確認の2つがあります（図3.6参照）。

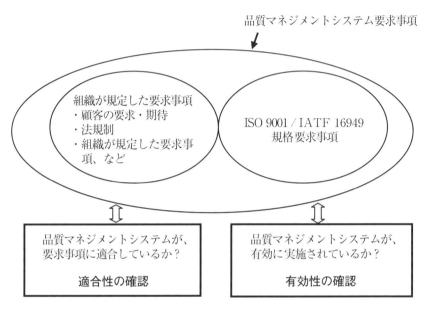

図3.6　内部監査の目的

（2）　適合性、有効性、効率およびパフォーマンス

　品質マネジメントシステムにおける、適合性、有効性、効率およびパフォーマンスという言葉について考えてみます。ISO 9000規格では、適合（conformity）は、"要求事項を満たしていること"と定義しています。要求事項（requirements）とは、顧客が明示（要求）または暗黙のうちに期待しているか、あるいは法規制などの義務として要求されているニーズ（要求）または期待のことで、要求事項には、ISO 9001/IATF 16949規格要求事項、顧客要求事項、組織が決めた要求事項、法規制要求事項および製品要求事項などがあります。適合性とは要求事項を満たしている程度を表します。

　有効性（effectiveness）は、ISO 9000規格では、"計画した活動が実行され、

3.2　品質マネジメントシステム内部監査要求事項

計画した結果が達成された程度”と定義しています。すなわち有効性とは、例えば、製品の品質（またはサービスの質）のレベルを継続的に改善する、製造工程の不良率を継続的に低減するというものではなく、組織が決めた目標や計画を達成した程度を表します。

パフォーマンス（performance）は、次の2つの意味で使われます。

①　実施状況、すなわち目標あるいは計画されたことが実施された程度

②　成果・実績、すなわち顧客満足度、不良率などのプロセスの結果

適合性の改善のためには、要求事項を満たすことが必要ですが、有効性を改善するためには、要求事項への適合と目標・計画の達成の両方が必要です。またパフォーマンス（結果）を改善するためには、要求事項に適合し、目標・計画を達成したうえで、さらにパフォーマンス（結果）を改善することが必要となります（図3.5、p.62 参照）。

ISO 9001 規格の“performance”に対する和訳も、時代とともに変化してきました。今までの“実施状況”や“成果を含む実施状況”から、ISO 9001：2015 では、“結果”が重要であるとの観点から、“パフォーマンス（すなわち測定可能な結果）”と、ようやく適切に訳されるようになりました（図3.7 参照）。

ISO 9001 規格	JIS Q 9001 規格での日本語訳
2000 年版	performance：実施状況
2008 年版	performance：成果を含む実施状況
2015 年版	performance：パフォーマンス（測定可能な結果）

［備考］　JIS Q 9001 は、2015 年版でようやく結果重視の規格となった。IATF 16949 は、旧規格 ISO/TS 16949 のときから、結果重視で運用されている。

図 3.7　“performance”の日本語訳の推移

65

第3章 品質マネジメントシステム内部監査

　ISO 9001が品質マネジメントシステムの適合性と有効性の改善を目的としているのに対して、IATF 16949では、適合性、有効性と効率の改善を目的としています。効率(efficiency)とは、投入した資源(設備・要員・資金)に対する結果の程度を表します。適合性、有効性および効率を式で表すと図3.8のようになり、またそれらの関係を図示すると、図3.9のようになります。

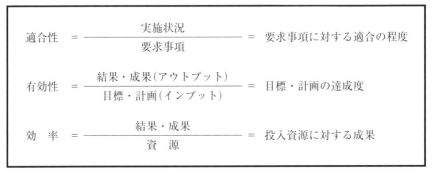

図3.8　適合性、有効性および効率(1)

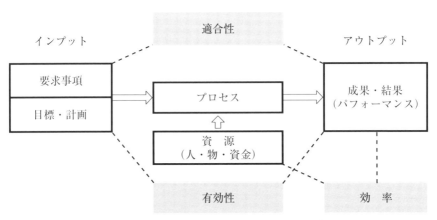

図3.9　適合性、有効性および効率(2)

3.2 品質マネジメントシステム内部監査要求事項

　有効性および効率の指標としては、図 3.10 に示すようなものがあります。有効性指標は顧客に直接影響のある指標、効率指標は社内指標と考えることもできます。

区分	指標の例	コメント
有効性	工程能力指数、流出不良率、納期達成率、クレーム件数など	顧客に直接影響のある指標など
効率	設備稼働率、不良率、歩留り、品質ロスコスト、設計変更回数など	社内指標など

図 3.10　有効性および効率の例

　一般的に、品質マネジメントシステム運用の初期の段階では、適合性と有効性の両方とも完全ではありません。顧客に迷惑をかけないためには、まず適合性の改善が必要です。そして次に、経営に役立つ品質マネジメントシステムとするために、有効性とパフォーマンスの改善を行うことになります(図 3.11 参照)。

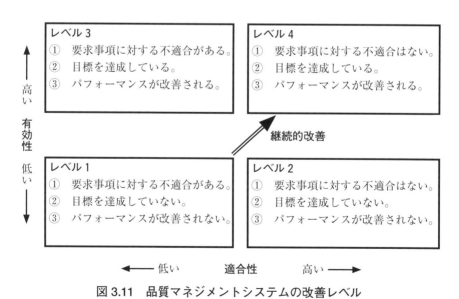

図 3.11　品質マネジメントシステムの改善レベル

第3章　品質マネジメントシステム内部監査

3.2.2　IATF 16949における内部監査要求事項

（1）　内部監査プログラム

　IATF 16949規格（箇条9.2.2.1）では、内部監査プログラムに関して、次の①〜⑥に示す事項を実施することを求めています。

－ IATF 16949（箇条9.2.2.1）の要旨－

IATF 16949 箇条9.2.2.1

①　文書化した内部監査プロセスをもつ。

②　内部監査プロセスには、下記の3種類の監査を含む、品質マネジメントシステム全体を網羅する、内部監査プログラムの策定・実施を含める。

　　・品質マネジメントシステム監査　　・製造工程監査　　・製品監査

③　監査プログラムは、リスク、内部・外部パフォーマンスの傾向、およびプロセスの重大性にもとづいて優先づけする。

④　プロセス変更、内部・外部の不適合、および顧客苦情にもとづいて、監査頻度をレビューし、（必要に応じて）調整する。

⑤　組織がソフトウェア開発の責任がある場合、ソフトウェア開発能力評価を監査プログラムに含める。

⑥　監査プログラムの有効性は、マネジメントレビューの一部としてレビューする。

　文書化した内部監査プロセス、すなわち、いわゆる「内部監査規定」などの作成が要求されています。そして、品質マネジメントシステム監査、製造工程監査および製品監査の3種類の監査を含めた内部監査プログラムを策定して実施することを述べています。

　また、ソフトウェア開発能力評価を監査プログラムに含めること、および監査プログラムの有効性をマネジメントレビューでレビューすることを述べています。監査プログラムの有効性とは、監査が計画どおりに実施されたかどうかではなく、監査プログラムが監査の目的を達成したかどうかです。

　なお、監査プログラムと監査計画は異なります（3.3節で解説）。

3.2 品質マネジメントシステム内部監査要求事項

（2） 品質マネジメントシステム監査

IATF 16949規格(箇条9.2.2.2)では、品質マネジメントシステム監査(quality management system audit)に関して、次の①、②に示す事項を実施することを求めています(図3.12、p.71 参照)。

－ IATF 16949(箇条 9.2.2.2)の要旨 －

IATF 16949 箇条 9.2.2.2

① IATF 16949 規格への適合を検証するために、プロセスアプローチを使用して、各3暦年(calendar period)の期間の間、年次プログラム(annual progtamme)に従って、すべての品質マネジメントシステムのプロセスを監査する。

② それらの監査に統合させて、顧客固有の品質マネジメントシステム要求事項を、効果的に実施されているかに対してサンプリングを行う。

品質マネジメントシステム監査は、3年ごとの年次プログラムに従って、品質マネジメントシステムのプロセス(すべて)、および顧客固有の要求事項(サンプリング)に対して、プロセスアプローチ監査方式で行います。

3年間ですべてのプロセスを監査することが必要ですが、毎年すべてのプロセスを監査しても構いません。顧客固有の要求事項は、適切なサンプリングを行えば、3年間ですべての顧客固有の要求事項を監査する必要はありません。

プロセスアプローチ監査については、本書の第4章で説明します。

（3） 製造工程監査

IATF 16949 規格(箇条9.2.2.3)では、製造工程監査(manufacturing process audit)に関して、次の①～③に示す事項を実施することを求めています(図3.12、p.71 参照)。

製造工程監査は、3年ごとの監査プログラムを作成すること、および顧客指定の監査方法を用いることを述べています。

3年間ですべての製造工程を監査し、またシフト(交替勤務)や引継ぎについては、サンプリングで監査することが必要です。

69

第3章　品質マネジメントシステム内部監査

－ IATF 16949（箇条 9.2.2.3）の要旨－

IATF 16949 箇条 9.2.2.3

① 製造工程の有効性と効率を判定するために、各3暦年の期間、工程監
　査のための顧客固有の要求される方法を使用して、すべての製造工程を
　監査する。

② 各個別の監査計画の中で、各製造工程は、シフト引継ぎの適切なサン
　プリングを含めて、それが行われているすべての勤務シフトを監査する。

③ 製造工程監査には、工程リスク分析（PFMEA のような）、コントロー
　ルプラン、および関連文書が効果的に実施されているかの監査を含める。

　製造工程監査は、適合性よりも有効性と効率の判定を目的とすることを述べ
ています。製造工程監査は、コントロールプランを用いて行うことができます
が、コントロールプランどおりに製造や検査が行われているかということの適
合性の確認ではなく、計画や目標が達成されているかという有効性や、生産が
効果的に行われているかという効率に重点をおいた監査とします。

　なお、製造工程監査の方法として、クライスラー社は、階層別工程監査
（layered process audit、CQI-8）を要求しています。

(4)　製品監査

　IATF 16949 規格（箇条 9.2.2.4）では、製品監査（product audit）に関して、次
の①、②に示す事項を実施することを求めています（図 3.12、p.71 参照）。

－ IATF 16949（箇条 9.2.2.4）の要旨－

IATF 16949 箇条 9.2.2.4

① 要求事項への適合を検証するために、顧客に要求される方法を使用し
　て、生産・引渡しの適切な段階で、製品を監査する。

② 顧客によって定められていない場合、使用する方法を定める。

　製品監査では、製品規格を満たしているかどうかを確認します。製品検査で
行われる製品の機能や特性のほか、通常の製品検査では行われない、包装やラ

ベルなどについても確認することになります。

　製品監査は、顧客指定の監査方法を用いることを述べています。コントロールプランの管理項目と製品監査の対象項目の関係の例を、図 3.13 に示します。

　製品監査では、次のような項目を含めるとよいでしょう。

① コントロールプランで規定されている製品の検査・試験項目、特に特殊特性は重要

② 包装・ラベリングなど、通常の製品検査では行われない項目

③ IATF 16949 規格（箇条 8.5.1-f）におけるプロセスの妥当性確認が必要な項目、すなわち、製品としては簡単に検査・試験ができない製品特性（いわゆる特殊工程といわれる特性）

④ アウトソース先で検査が行われている製品特性

⑤ ソフトウェアの検証

⑥ 定期検査の項目

　製品監査の時期について、"生産・引渡しの適切な段階で"と述べています。

監査の種類	目　的	対　象	方法・時期
品質マネジメントシステム監査	IATF 16949 規格への適合を検証するため	・すべてのプロセス ・顧客固有の品質マネジメントシステム要求事項(サンプリング)	・プロセスアプローチ方式 ・各 3 暦年の期間の間、年次プログラムに従う。
製造工程監査	製造工程の有効性と効率を判定するため （適合性ではない）	・すべての製造工程 ・シフト引継ぎのサンプリング	・顧客指定の方法 ・PFMEA・コントロールプラン・関連文書が効果的に実施されているかの監査を含める。 ・各 3 暦年の期間
製品監査	要求事項への適合を検証するため	・製品	・顧客指定の方法 ・(顧客指定の方法がない場合)使用する方法を定める。 ・生産・引渡しの適切な段階で行う。

図 3.12　IATF 16949 の 3 種類の内部監査

第3章　品質マネジメントシステム内部監査

通常は、完成した製品置き場からサンプリングをして検査をしますが、完成品になってからでは検査ができない項目については、製造工程の途中で行います。

　製品監査は、他の内部監査と同様、検査員ではなく、製品監査担当の内部監査員が行うようにします。内部監査員自らが検査できない場合は、監査員の目の前で検査員に検査を行ってもらって、確認する方法なども考えられます。

工程 （プロセスステップ）	コントロールプランにある管理特性		コントロールプランにない製品特性
	製品特性	工程パラメータ	
1　材料受入検査	**材料特性**	－	
2　材料加工（1）	－	加工条件の管理	
3　工程内検査	**寸法検査** **特性検査**	－	
4　材料加工（2）	－	省略（アウトソース先で実施）	
5　工程内検査	省略（アウトソース先で実施）		**寸法検査** **特性検査**
6　熱処理	－	熱処理炉の管理 ・温度、時間など	
7　熱処理後の検査	省略（妥当性確認済プロセス）	－	**製品強度試験**
8　製品組立	－	組立機の定期点検	
9　最終検査（1）	**寸法検査** **特性検査**		
10　ソフトウェアインストール	**ソフトウェア検証**		
11　最終検査（2）	**外観検査**	－	
12　包装、ラベリング	省略（検査後の工程であるため）	包装・ラベリング装置の定期点検	**包装・ラベリング状態の検査**
13　定期検査	**レイアウト検査** **機能試験**		

［備考］太字は製品監査の項目を示す。

図 3.13　コントロールプランの管理項目と製品監査の項目の例

72

3.3 監査プログラム

3.3.1 内部監査プログラム

ISO 9001 規格および IATF 16949 規格(箇条 9.2.2)では、本書の 3.2.1 項で述べたように、内部監査に関して監査プログラムを作成すること、そして内部監査についての詳細は、マネジメントシステム監査のための指針 ISO 19011 規格を参照することを述べています。

ISO 19011 規格で述べている監査プログラムのフローを図 3.14 に示します。

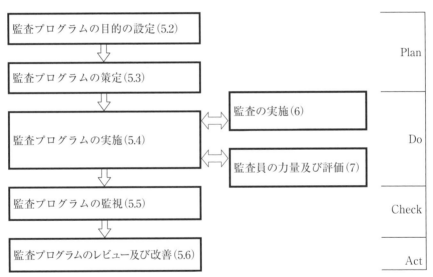

［備考］( )内は、ISO 19011 規格の箇条番号を示す。

図 3.14 監査プログラムのフロー

ISO 19011 規格では、監査プログラムを作成して運用することを述べています。監査プログラムは、監査プログラムの目的の設定、監査プログラムの策定、監査プログラムの実施、監査プログラムの監視、および監査プログラムのレビュー・改善の5つのステップで構成されます。これらの各ステップが、PDCA の改善サイクルに対応しています。

第3章　品質マネジメントシステム内部監査

　図3.14を見ると、内部監査プログラムのフローにおける監査プログラムの実施(ISO 19011規格箇条5.4)に対応する機能として、監査の実施(箇条6)と監査員の力量・評価(箇条7)があります。この監査の実施のフロー、すなわち監査の詳細については、本書の3.3.2項で説明します。

　また、図3.14の監査プログラムのフローには、監査プログラムの実施(箇条5.4)の後に、監査プログラムの監視(箇条5.5)と監査プログラムのレビュー・改善(箇条5.6)があります。これは、内部監査プログラムそのものを監視・レビューして改善することが必要であること、すなわち内部監査を内部監査プロセスととらえて、監査プロセスそのものを、PDCAサイクルで改善することを述べています。

　監査プログラムの監視・レビュー・改善の目的は下記のためです。
① 　内部監査プログラムの目的が達成されたかどうかの評価
② 　内部監査プログラムに対する是正処置の必要性の評価
③ 　品質マネジメントシステムの改善の機会の明確化
　例えば次のような場合は、内部監査が有効でなかったことになるかもしれません。
① 　監査所見は、"決めたとおりに仕事を行っていない"という内容のものばかりである。
② 　不適合事項に対して適切な是正処置がとられていない。
③ 　顧客クレームが多いにもかかわらず、内部監査での指摘(所見)がない。
　監査プログラムを監査プロセスと考えて運用するためには、内部監査プロセスに対するタートル図があるとよいかもしれません。内部監査プロセスのタートル図の例は、第7章で示します。

　監査プログラムに含める項目は、ISO 19011規格に規定されています。それらの項目を含めた「内部監査プログラム」の例を図3.15に示します。これは、IATF 16949の場合の例ですが、ISO 9001についても、同様に作成することができます。このとき、内部監査プログラムと内部監査計画の違いを理解することが必要です。

74

3.3 監査プログラム

内部監査プログラム				
対象期間	20xx 年度～20xx 年度(3 年間)	発行日	20xx 年 xx 月 xx 日	
		作成者	管理責任者 　○○○○	

内部監査の種類・目的・範囲・方法・サンプリング・基準

監査種類	■品質マネジメントシステム監査　　■製造工程監査　　■製品監査	
監査目的	・IATF 16949 規格要求事項への適合性および有効性の確認 ・顧客要求事項への適合性の確認 ・前回内部監査結果のフォロー	
監査範囲	・全 COP、全 SP、および全 MP	・全製品
	・全部門	・全製造工程
	・監査対象顧客：全顧客	・各勤務シフト(引継ぎを含む)
監査方法	・プロセスアプローチ監査	・製品監査：顧客指定の監査方式
サンプリング	下記の年度ごとのサンプリングは、各年度の監査計画策定時に決定する。 ・監査員、対象顧客、対象製品、対象勤務シフト(引継ぎを含む)	
監査基準	・IATF 16949 規格 ・顧客固有の要求事項 ・関連法規制	・品質マニュアル ・各製品のコントロールプラン ・各製品の製品規格および検査規格

内部監査年間スケジュール

ステップ	項　目	実施予定月												実施日
		4	5	6	7	8	9	10	11	12	1	2	3	
品質目標設定・プロセスの運用	年度品質目標設定	○												
	プロセス評価指標設定	○												
	プロセス評価指標監視	○	○	○	○	○	○	○	○	○	○	○	○	
	品質目標達成度評価				○			○						
監査実施	年度内部監査計画作成			○										
	内部監査員力量評価		○											
	内部監査実施				○									
	内部監査のフォローアップ						○							
監視・レビュー	内部監査員力量再評価							○						
	内部監査結果レビュー							○						
改　善	マネジメントレビュー*									○				
備　考	*：マネジメントレビューにおいて、内部監査プログラムの有効性を評価													

［備考］COP：顧客志向プロセス、SP：支援プロセス、MP：マネジメントプロセス

図 3.15　内部監査プログラムの例

3.3.2 内部監査の実施

ISO 19011 規格(箇条 6)で述べている、内部監査の実施のフローを図 3.16 に示します。監査の開始、監査活動の準備、監査活動の実施、監査報告書の作成・配付、監査の完了、および監査のフォローアップの実施の 6 つのステップからなります。

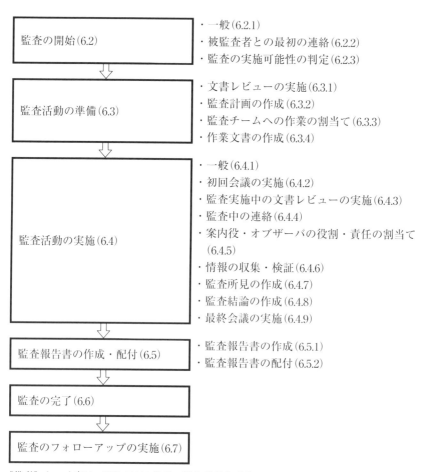

[備考]（　）内は、ISO 19011 規格の箇条番号を示す。

図 3.16　監査の実施のフロー

（1） 内部監査計画とチェックリスト

　内部監査計画は、内部監査プログラムにもとづいた、個々の内部監査の計画です。内部監査計画に含める項目は、ISO 19011 規格に規定されています。これらの項目を含めた「内部監査計画書」の例を図 3.17 に示します。これは、IATF 16949 の場合の例ですが、ISO 9001 についても、同様に作成することができます。

　内部監査計画書は、一般的には部門ごとに作成されることが多いですが、本書では、第 4 章で述べるプロセスアプローチ監査のために、プロセス単位で作成しています。

　監査の準備段階では、内部監査計画の作成のほか、内部監査チームへの作業の割当て、および作業文書の作成などを行います。作業文書の作成では、監査チェックリストや監査で使用する各種書式の作成、サンプリング計画の作成などを行います。

　内部監査のチェックリストの作成に関して、ISO 19011 では、"チェックリストおよび書式を利用することが、監査活動の制限にならないように注意を払うこと" と述べています。標準監査チェックリスト使用のメリットとデメリットを図 3.18 に示します。とくに要求事項にもとづいた標準監査チェックリストは、適合性の監査には役に立ちますが、有効性の監査の弊害となることがあり、注意が必要です。

　また監査は、時間の制約もあることから、サンプリング（抜き取り）によって行われますが、監査におけるサンプリングも、図 3.19 に示すようにメリットとデメリットがあり、注意が必要です。

第3章　品質マネジメントシステム内部監査

<table>
<tr><th colspan="5">内部監査計画書</th></tr>
<tr><td>対象年度</td><td colspan="2">20xx 年度</td><td>発行日</td><td>20xx 年 xx 月 xx 日</td></tr>
<tr><td></td><td colspan="2"></td><td>作成者</td><td>○○○○</td></tr>
<tr><td>監査の名称</td><td colspan="4">20xx 年度定期内部監査</td></tr>
<tr><td>監査プログラム</td><td colspan="4">内部監査プログラム XXXX</td></tr>
<tr><td>監査の種類</td><td colspan="4">■品質マネジメントシステム監査　■製造工程監査　■製品監査</td></tr>
<tr><td>監査実施日</td><td colspan="4">20xx 年 xx 月 xx 日～ xx 月 xx 日</td></tr>
<tr><td>監査の目的</td><td colspan="4">IATF 16949 要求事項への適合性および有効性の確認</td></tr>
<tr><td rowspan="3">監査の範囲</td><td colspan="4">・全 COP、全 SP、および全 MP　　・全製品</td></tr>
<tr><td colspan="4">・全部門　　　　　　　　　　　　・全製造工程</td></tr>
<tr><td colspan="4">・監査対象顧客：A 社、B 社　　　・各勤務シフト 1、2（引継ぎを含む）</td></tr>
<tr><td>監査の方法</td><td colspan="4">・プロセスアプローチ監査　　　　・製品監査：顧客指定の監査方式</td></tr>
<tr><td rowspan="3">監査の基準</td><td colspan="4">・IATF 16949：2016 規格　　　　・品質マニュアル</td></tr>
<tr><td colspan="4">・顧客固有の要求事項　　　　　　・各製品のコントロールプラン</td></tr>
<tr><td colspan="4">・関連法規制　　　　　　　　　　・各製品の製品規格および検査規格</td></tr>
<tr><td rowspan="2">監査チーム</td><td colspan="4">チーム 1　監査員 A（監査チームリーダー）、監査員 B</td></tr>
<tr><td colspan="4">チーム 2　監査員 C（サブチームリーダー）、監査員 D</td></tr>
</table>

月日	時　間	チーム 1	チーム 2
xx 月 xx 日	9:00～ 9:30	初回会議（経営者、各プロセスオーナー）	
	9:30～10:00	前回内部監査結果のフォロー（管理責任者他）	
	10:00～11:00	方針展開 P（経営者他）	マーケティング P（営業部他）
	11:00～12:00	資源の提供 P（経営他者）	受注 P（営業部他）
	12:00～12:45	（休　憩）	
	12:45～14:00	顧客満足 P（営業部他）	法規制管理 P（総務部他）
	14:00～16:00	製品設計 P（設計部他）	工程設計 P（生産技術部他）
	16:00～16:30	監査チームミーティング	
	16:30～17:00	レビューミーティング（管理責任者、各プロセスオーナー）	
	21:00～23:00	**製造工程監査―夜勤（引継ぎを含む）**（製造部他）	
xx 月 xx 日	9:00～10:30	製造 P（製造部他）	製品検査 P（品質保証部他）
	10:30～12:00	**製造工程監査**（製造部他）	**製品監査**（品質保証部他）
	12:00～12:45	（休　憩）	
	12:45～13:45	引渡し P（物流センター他）	フィードバック P（品質保証部他）
	13:45～15:00	内部監査 P（管理責任者他）	継続的改善 P（品質保証部他）
	15:00～16:00	監査チーム打合せ、監査結果のまとめ	
	16:00～16:30	レビューミーティング（管理責任者、各プロセスオーナー）	
	16:30～17:00	最終会議（経営者、各プロセスオーナー）	
参考文書		「プロセス－部門関連図」、「プロセス－要求事項関連図」、「タートル図」	

［備考］　COP：顧客志向プロセス、SP：支援プロセス、MP：マネジメントプロセス、P：
　　　　プロセス

図 3.17　内部監査計画書の例

標準監査チェックリスト利用のメリット	標準監査チェックリスト利用のデメリット
① 監査・調査項目の漏を防止できる。 ② 監査の標準化ができ、一貫性がある。 ③ 監査員の質のばらつきをカバーできる。 ④ 経験の浅い監査員でも、一定レベルの監査ができる。 ⑤ 監査時間を有効に活用できる。 ⑥ 必要に応じて改訂して、再度使用できる。 ⑦ 監査結果の記録手段として利用できる。	① "どの監査員も同じことしか聞かない"との被監査部門の批判を受けかねない。 ② 経験豊富なレベルの高い監査員も、経験の浅い監査員も同じレベルの監査となり、同じような指摘しかできない可能性がある。 ③ チェックリストの項目しか質問しないことになりかねない。 ④ 監査の深さがなくなることがある。 ⑤ 被監査部門にとって有効な監査(有効性の監査)にならない場合がある。 ⑥ 品質マネジメントシステムの向上につながらない監査となる可能性がある。 ⑦ プロセスアプローチの監査の障害となる可能性がある。

図 3.18　標準監査チェックリスト利用のメリットとデメリット

サンプリング監査のメリット	サンプリング監査のデメリット
① 監査時間の有効活用に役立つ。 ② サンプリングにより、監査項目数を少なくすることによって、その業務の内容を深く監査でき、質の高い監査につながる。	① 監査の結果、不適合がなかったとしても、かならずしもその部門のすべての運用に問題がないということではない。 ② にもかかわらず、すべて適合していると受けとられる可能性がある。

図 3.19　サンプリング監査のメリットとデメリット

(2)　情報の収集と検証

　情報を収集する方法には、面談、活動状況の観察および文書・記録のレビューなどがあります。

　監査における質問の仕方には、完結型質問と発展型質問があります。完結型質問は、"はい"、"いいえ"で答えられる質問です。この質問方法は簡単に答えを得ることができますが、得られる情報量は少なくなります。

第3章　品質マネジメントシステム内部監査

　発展型質問は、5W1H による質問、すなわち "who：だれが"、"why：な
ぜ"、"when：いつ"、"where：どこで"、"what：なにを" および "how：ど
のように" で始まる質問です。この質問方法は、得られる回答の情報量は多く
なり、好ましい方法です。

（3）　監査所見および監査結論

　監査で発見された事実を監査所見(audit findings、監査で見つかったこと)
といいます。監査所見は適合(conformity)、不適合(nonconformity)、改善の
機会(opportunity for improvement)に分けることができます。内部監査では、
改善の機会の指摘も重要です(図 3.20 参照)。

　不適合が検出された場合は、不適合の 3 要素(監査基準、監査証拠、監査所
見)を明確にし、「不適合報告書」（NCR、nonconformity report)を発行します。
不適合の内容については、被監査部門の了解を得るようにします(図 3.23 参照)。

　「不適合報告書」では、不適合事項については、第三者や次回の監査員が読
んでわかるように、具体的客観的な事実を明記します。「不適合報告書」の例は、
第 5 章で示します。

監査所見			
適　合		不適合	
適　合	改善の機会	軽微な不適合	重大な不適合

図 3.20　監査所見の区分

	不適合の範囲 の大きさによる分類	不適合の影響 の大きさによる分類
重大な不適合	品質マネジメントシステム全体において、ある要求事項を満たさない不適合	法規制への違反または顧客への不適合製品出荷の恐れがある不適合
軽微な不適合	品質マネジメントシステムの一部の部門またはプロセスで、ある要求事項を満たさない不適合	法規制への違反または顧客への不適合製品出荷の恐れがない不適合
改善の機会	不適合ではないが、改善の余地がある場合	

図 3.21　監査所見の等級の例

等　級	基　準
メジャー不適合 （重大な不適合）	次のいずれかの不適合： ① IATF 16949 要求事項に対する不適合で、次のいずれかの場合： 　a) システム（仕組み）ができていない場合 　b) 仕組みはあるが、ほとんど機能していない場合 　c) ある要求事項に対する軽微な不適合が多数あり、仕組みが機能していない場合 ② 不適合製品が出荷される可能性があり、製品・サービスの目的を達成できない場合 ③ 審査員の経験から判断される不適合で、次のいずれかの場合： 　a) 品質マネジメントシステムの失敗となる場合 　b) プロセス・製品の管理能力が大きく低下する場合
マイナー不適合 （軽微な不適合）	① 審査員の経験から判断される、IATF 16949 の要求事項に対する不適合で、次のいずれかの場合： 　a) 品質マネジメントシステムの失敗にはならない場合 　b) プロセス・製品の管理能力が大きく低下しない場合 ② 上記の例： 　a) IATF 16949 規格要求事項に対する、品質マネジメントシステムの部分的な失敗 　b) 品質マネジメントシステムの 1 項目に対する単独の遵守違反
改善の機会	① 要求事項に対する不適合ではないが、審査員の経験・知識から判断して、手順などを変えることによって、システムの有効性の向上が期待できる場合

図 3.22　IATF 16949 の審査所見の区分の例

3 要素	内　容
① 監査基準 　（要求事項）	ISO 9001/IATF 16949 規格、品質マニュアル、顧客要求事項、関連法規制、その他組織が決めた要求事項など
② 監査証拠 　（事実、客観的 　証拠）	監査で見つかった、要求事項を満たしていない事実の内容・客観的証拠（文書・記録など）
③ 監査所見	適合、不適合、改善の機会の区分

図 3.23　不適合成立の 3 要素

第3章　品質マネジメントシステム内部監査

　内部監査で検出された監査所見をもとに、監査チームで検討して、監査の結論をまとめます。監査結論とは、内部監査の目的を達成したかどうかという監査チームとしての結論です。

　内部監査における等級については、それぞれの組織で決めることになります。参考までに、ISO 9001 の第三者認証審査における所見の等級の例を図3.21（p.80 参照）に、IATF 16949 の第三者認証審査における所見の等級の例を図3.22（p.81 参照）に示します。

（4）　内部監査報告書

　内部監査が終了すると「内部監査報告書」を発行します。「内部監査報告書」に含める項目は、ISO 19011 規格で規定されています。「内部監査報告書」には、各部門およびプロセスの強い点、弱い点、有効性および改善の機会についても記載するとよいでしょう。

　「内部監査報告書」の例を図3.24 に示します。

（5）　内部監査のフォローアップ

　不適合が検出された場合、被監査部門の責任者は、不適合に対する修正（correction）と是正処置（corrective action）を実施する責任があります。そして内部監査員は、是正処置の完了と有効性の検証を行います。

　修正とは、不適合の除去、すなわち不適合でないようにすることです。そして是正処置は、不適合の原因の除去、すなわち不適合が再発しないようにすることです。是正処置は、再発防止と言ったほうがよいかもしれません。修正と是正処置を区別することが必要です。

　内部監査員は、フォローアップ（follow-up）において、是正処置の内容が再発防止策になっているかどうか、そして是正処置の有効性の確認が適切に行われているかどうかを確認することが必要です。

　内部監査における監査所見（不適合）に対する「是正処置報告書」の例は、第5章で示します。

3.3　監査プログラム

内部監査報告書			
監査の名称	20xx 年度内部監査	報告書番号	QMSxxxx
監査プログラム	品質マネジメントシステム監査、製造工程監査、製品監査	報告書発行日	20xx 年 xx 月 xx 日
		監査実施日	20xx 年 xx 月 xx 日～xx 月 xx 日
監査の目的	・IATF 16949 要求事項への適合性および有効性の確認 ・品質目標の達成状況の確認	監査計画	内部監査計画書参照
		被監査領域	全プロセス、全部門、全製造工程
監査の範囲	・全 COP、SP、MP ・全対象製品、全関連部門 ・全対象顧客	監査対象期間	20xx 年 xx 月 xx 日～xx 月 xx 日
		監査員チーム	監査員 A(リーダー) 監査員 B、監査員 C、監査員 D
監査の基準	・IATF 16949：2016 規格 ・顧客固有の要求事項 ・品質マニュアル	監査チームリーダー署名	監査員 A

監査結論(総括報告)
① 全般的にプロセスの監視指標が計画未達成の場合の処置が不十分である。コアツールの活用もまだ十分でない。
② 下記のとおり軽微な不適合3件、改善の機会5件が検出された。

監査所見
肯定的事項：
品質マネジメントシステムのプロセスが適切に定義され、プロセスの監視指標が設定され、その達成度が毎月監視されている。
不適合事項：
不適合3件が検出された。詳細は、別紙「不適合報告書」参照
・No. 1　7.2　教育・訓練の有効性の評価(教育・訓練プロセス、総務部)
・No. 2　8.4.1　供給者の評価(購買プロセス、資材部)
・No. 3　7.1.5.1.1　測定システム解析(測定器管理プロセス、品質保証部)
改善の機会：
・改善の機会5件が検出された。詳細は、別紙「改善の機会報告書」参照

フォローアップ計画
不適合(計3件)に対する是正処置の完了予定日(20xx-xx-xx)から1週間以内に完了確認を行い、その3ヶ月後に有効性の確認を行う予定

本報告書に対するコメントおよび承認	管理責任者
・内部監査は、監査計画書どおりに実施され、監査の目的を満たしている。 ・監査所見の内容も適切であると判断する。 ・フォローアップの後、内部監査プログラムの評価を行う。	○○○○ 日付 20xx-xx-xx

配付先
社長、管理責任者、総務部長、営業部長、設計部長、資材部長、製造部長、品質保証部長

添付資料
「内部監査計画書」、「監査プロセス－要求事項関連図」、「不適合報告書」3件、「改善の機会報告書」5件

図 3.24　内部監査報告書の例

3.3.3 内部監査プログラムの監視およびレビュー・改善

　3.3.1項でも述べましたが、内部監査の実施段階において、または内部監査を実施した後、内部監査プロセスの適切性と有効性を評価するために、監査プログラムの監視・レビュー・改善を行います。

　例えば、ある組織の内部監査において、製造1課（A監査員担当）では不適合が10件発見され、製造2課（B監査員担当）では不適合が発見されなかったとします。この場合、製造2課の品質マネジメントシステムの運用状況は製造1課よりもよい、と言い切ってよいでしょうか。また、監査員のレベルの違いはどうでしょうか。これらを内部監査において、監視するのです。また、内部監査計画に対して、ある部門の時間が不足した、時間が余ったというようなことが起こるかもしれません。監査計画が適切でなかったのです。

　このように、監査プログラムの監視・レビュー・改善を行わないと、内部監査のレベルは改善しません。監査プログラムの監視・レビュー・改善は、内部監査のレベルアップのために非常に重要です。

　また、内部監査に対する経営者の理解も重要です。不適合の多い部門はダメだという考えではなく、内部監査を通して品質マネジメントシステムを改善していく、という考えが必要です。

　この監査プログラムの監視・レビュー・改善は、いわゆる監査のフォローアップとは異なります。この違いを理解することが必要です（図3.25参照）。

　監査プログラムの監視・レビュー結果を含めた、「内部監査プログラム総括報告書の例を図3.26に示します。

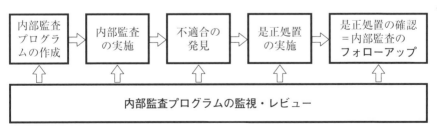

図3.25　内部監査のフォローアップと内部監査プログラムの監視・レビュー

3.3　監査プログラム

内部監査プログラム総括報告書									
対象年度	20xx 年度			発行日	20xx 年 xx 月 xx 日				
				承　認	管理責任者　○○○○				
監査実施日	上期 20xx 年 xx 月、下期 20xx 年 xx 月								
監査対象プロセス	品質マネジメントシステムの全プロセス								
監査対象部門	品質マネジメントシステムの全部門								
内部監査員	監査員 A（リーダー）、監査員 B、監査員 C、監査員 D								
区　分	評価項目	目標	実績	達成度					
内部監査プログラムの有効性	不適合件数	≦ 10 件	8 件	1	2	③	4	5	
	改善の機会件数	≦ 10 件	6 件	1	2	③	4	5	
	期限内是正処置完了件数	≧ 80%	8 件	1	2	③	4	5	
	監査プログラムの是正処置件数	≧ 1 件	1 件	1	2	③	4	5	
	監査プログラムの改善機会件数	≧ 1 件	2 件	1	2	③	4	5	
	（小　計）			1 5					
内部監査員のパフォーマンス	監査プロセス実施の程度	≧ 3 点	3 点	1	2	③	4	5	
	適合性の指摘件数	≧ 10 件	8 件	1	2	③	4	5	
	有効性の指摘件数	≧ 10 件	6 件	1	2	3	④	5	
	監査所見の適切性			1	②	3	4	5	
	是正処置内容評価能力			1	2	③	4	5	
	（小　計）			15					
合　計				30					
特記事項	・評価結果が特に悪い項目はなかったが、今後は、内部監査員の力量の一層の向上が望まれる。 　　　　　　　　　　20xx-xx-xx　管理責任者　○○○○								
結　果	ⓐ合　・　否								
備　考	・合格基準：合計 30 点以上で、かつ評価レベル 1 の項目がないこと。								

図 3.26　内部監査プログラム総括報告書の例

第4章

プロセスアプローチ内部監査

第4章　プロセスアプローチ内部監査

　本章では、適合性の監査から有効性の監査へ、プロセスアプローチ監査の手順、およびプロセスアプローチ内部監査の進め方について説明します。

　この章の項目は、次のようになります。

4.1	適合性の監査から有効性の監査へ
4.1.1	適合性の監査と有効性の監査
4.1.2	プロセス監査とプロセスアプローチ監査の相違
4.1.3	要求事項別監査における有効性の確認
4.2	プロセスアプローチ監査の手順
4.2.1	プロセスアプローチ監査の方法
4.2.2	プロセスアプローチ監査のチェックリスト
4.3	プロセスアプローチ内部監査の進め方

4.1 適合性の監査から有効性の監査へ

4.1.1 適合性の監査と有効性の監査

　内部監査の方法には、従来から行われているものとして、要求事項別監査、業務別監査および部門別監査の3種類の監査方法があります。要求事項別監査は、ISO 9001規格などの要求事項の項目に従って監査を行うもので、規格要求事項への適合性を確認する際に利用されます。また業務別監査は、業務すなわちプロセスごとに行われる監査で、業務が各業務手順に従って行われているか、すなわち業務手順への適合性を確認する際に利用されます。そして部門別監査は、組織の部門ごとに行われる監査で、それぞれの部門に関係する規格要求事項およびその部門の業務手順に対して行われます。これらの監査はいずれも、主として要求事項または業務手順に適合しているかどうかを確認するもので、適合性の監査と呼ばれています。

　これらの従来の適合性の監査方法に対して、要求事項への適合性よりも、有効性すなわちプロセス(業務)の目標と計画の達成状況に視点を当てた監査方法があり、これをプロセスアプローチ監査と呼びます。

	従来の監査方式			新しい監査方式
監査名称	要求事項別監査	業務別監査	部門別監査	プロセスアプローチ監査
監査対象	ISO 9001などの規格要求事項に従って行われる監査	業務(プロセス)ごとに行われる監査	部門ごとに行われる監査	プロセスに対して行われる監査
監査視点	主として、ISO 9001規格などの要求事項への適合性を確認	主として、組織の業務手順への適合性を確認	主として、ISO 9001規格などの要求事項および業務手順への適合性を確認	主として、手順への適合性ではなく、有効性すなわちプロセスの目標・計画の達成状況を確認

図4.1　従来の監査方式とプロセスアプローチ監査方式

第4章　プロセスアプローチ内部監査

　IATF 16949 では、このプロセスプローチ監査が要求事項として実施されています。これらの各種監査方式と監査の視点との関係は、図4.1 のようになります。

　3.2.1 項で述べたように、ISO 9001/IATF 16949 では、内部監査の目的として、適合性の確認と有効性の確認の両方を要求しています。従来の代表的な監査方法である部門別監査と、IATF 16949 で求めているプロセスアプローチ監査について、図4.2 にそれぞれの特徴の比較を、また図4.3 にそれぞれの監査ステップの比較を示します。

	部門別監査	プロセスアプローチ監査
監査対象	部門ごとに実施する。	プロセスごとに実施する。
目　的	ISO 9001/IATF 16949 規格要求事項および業務の手順への適合性を確認する。	プロセスの成果の達成状況、すなわち品質マネジメントシステムの有効性を確認する。
不適合となる場合	・ISO 9001/IATF 16949 規格要求事項を満たしていない場合 ・業務の手順が守られていない場合	・プロセスの目標・計画を設定していない場合 ・プロセスの実施状況を監視していない場合 ・プロセスの結果、品質マネジメントシステムの有効性(目標の達成状況)を改善していない場合 ・プロセスアプローチ監査で、要求事項に対する不適合が発見された場合
メリット	・各部門に関係する要求事項への適合性をチェックできる。 ・各部門に関係する業務フローに従って確認できる。 ・標準的なチェックリストが利用できる。 ・受審部門が一部門のため、監査を受ける際に対応しやすい。	・結果を確認することができ、有効性を判定することができるため、組織に役に立つ監査となる。 ・要求事項に対する不適合を、部門別監査よりも効率的に発見できる。 ・顧客満足重視の監査ができる。 ・有効性と効率性を監査できる。 ・部門間のつながりを監査できる。

図 4.2　部門別監査とプロセスアプローチ監査の特徴

4.1 適合性の監査から有効性の監査へ

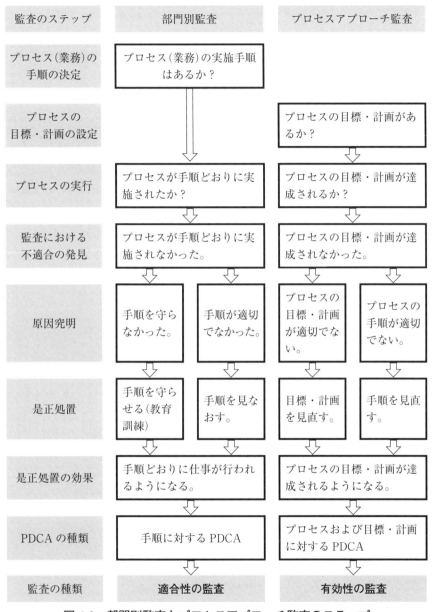

図 4.3 部門別監査とプロセスアプローチ監査のステップ

第4章 プロセスアプローチ内部監査

プロセスアプローチ監査に関して、次のように述べることができます。
① 経営者と組織にとって重要なことは、手順どおりに仕事を行うことというよりも、仕事の実施した結果が目標を達成しているかどうかである。
② そのための監査は、要求事項への適合性ではなく、プロセスの結果、すなわち有効性を確認するプロセスアプローチ監査である。

内部監査には、要求事項別監査、業務別監査および部門別監査などの適合性の確認を中心とした監査と、有効性の確認を中心としたプロセスアプローチ監査があることを述べました。品質マネジメントシステムの構築段階やシステム運用の初期の段階では、適合性の監査でも特に問題はありませんが、品質マネジメントシステムを改善し、計画どおりの業務の成果を上げるためには、品質マネジメントシステムをプロセスアプローチで運用し、内部監査もプロセスアプローチ監査とすることが効果的です(図4.4参照)。

タートル図を用いたプロセスアプローチ監査の手順の例を、図4.5に示します。

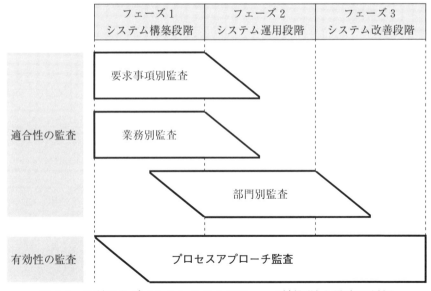

図4.4 品質マネジメントシステムのフェーズ(段階)と監査の種類

4.1　適合性の監査から有効性の監査へ

ステップ	確認事項	関連文書
プロセスの目標・計画の確認	☐ プロセスの名称とプロセスオーナーを確認する。	タートル図のプロセス名称
	☐ プロセスの目的、顧客および製品を確認する。 ☐ プロセスと部門の目標と計画を確認する。 　・プロセスの目標は、品質方針および部門の目標と整合しているか？ 　・目標は、前年度の実績を考慮しているか？	タートル図のインプット
	☐ プロセスのアウトプット項目を確認する。	タートル図のアウトプット
	☐ プロセスのインプット項目を確認する。 　・前のプロセスのアウトプットと整合しているか？ 　・顧客(次工程を含む)の要求・期待が含まれているか？	タートル図のインプット
	☐ プロセスのステップを確認する。	プロセスフロー図
	☐ プロセスの各ステップのアウトプット項目と目標・計画を確認する。	タートル図のアウトプット
	☐ プロセスおよび各ステップの評価指標を確認する。 　・プロセスの有効性およびパフォーマンス改善の評価指標が含まれているか？ 　・前年度の実績を考慮しているか？	タートル図の評価指標
プロセスの資源の確認	☐ 必要な物的資源(設備・システム・情報)を確認する。 　・必要な資源は明確か？ 　・必要な資源が確保されているか？	タートル図の物的資源
	☐ プロセスの責任・権限を確認する。 ☐ 必要な人的資源を確認する。 　・必要な要員と力量は明確か？ 　・必要な要員と力量が確保されているか？	タートル図の人的資源
プロセスの手順の確認	☐ プロセスを実施するための手順を確認する。 プロセスを実施手順(必要な場合手順書)が明確になっているか？	タートル図の運用方法

図 4.5　プロセスアプローチ監査の手順の例(1/2)

93

ステップ	確認事項	関連文書
プロセスの実施状況の確認	☐ 各プロセスが適切に運用管理されていることを確認する。 プロセスは手順どおりに実施されているか？	プロセスフロー図
	☐ プロセスのインプットを確認する。 必要なインプットが提供されているか？ インプットは、前のプロセスのアウトプットと整合しているか？	タートル図のインプット
	☐ プロセスの評価指標を確認する。 プロセスの各ステップの評価指標が監視・測定されているか？ プロセスの有効性の評価指標が測定されているか？	プロセスフロー図、タートル図の評価指標
プロセスの実施結果の確認	☐ プロセスのアウトプットを確認する。 プロセスの各ステップのアウトプットが計画どおりに作成されているか？	タートル図のアウトプット
	☐ プロセスの各ステップの評価結果を確認する。 プロセスと各ステップの評価結果が目標・計画を達成しているか？	タートル図の評価指標
	☐ 部門の品質目標を確認する。 部門の品質目標が目標を達成しているか？	タートル図のインプット
プロセスの改善処置の確認	☐ プロセスの各ステップのアウトプットと評価結果が目標・計画を達成しそうにない場合 その原因が究明され、適切な改善処置がとられているか？	タートル図の評価指標
	☐ 部門の品質目標が目標を達成しそうにない場合 その原因が究明され、適切な是正処置がとられているか？	タートル図の評価指標
	☐ プロセスの目標と手順の適切性を確認する。 プロセスの目標と手順は適切か？ 改善の必要はないか？	タートル図の評価指標

図 4.5　プロセスアプローチ監査の手順の例(2/2)

　このように、第2章で述べたプロセスのタートル図を利用することにより、プロセスアプローチ方式の内部監査を行うことができます。

4.1.2 プロセス監査とプロセスアプローチ監査の相違

プロセスアプローチ監査が有効であるという話をすると、"わが社は従来からプロセス監査を行っています" という答えが返ってくることがあります。今まで一般的に行われているプロセス監査と、本書で述べているプロセスアプローチ監査は、異なります。今まで一般的に行われているプロセス監査と、本書で述べるプロセスアプローチ監査の相違について考えて見ます。

一般的に行われているプロセス監査は、プロセスすなわち業務ごとに行われる監査で、プロセスフロー図、業務手順書、QC 工程図、コントロールプランなどの業務手順に従って業務が行われているかどうかを確認するものです。一般的に行われているプロセス監査は、プロセスアプローチ監査と区別するために、業務別監査と呼んだほうがよいかも知れません。

これに対して、本書で述べるプロセスアプローチ監査は、プロセス（業務）の目的・目標・計画が達成されたかどうか、そして達成されなかった場合にその原因はなにかを確認するものです。

いずれの監査も、プロセスフロー図などの業務手順書を使用しますが、プロセスアプローチ監査で使用する文書では、プロセスの目標・計画が明確になっていることが特徴です。

プロセス監査（業務別監査）では、プロセスフロー図や業務手順書に従って業務が行われていない場合に不適合となり、一方プロセスアプローチ監査では、プロセスの目標が達成されておらず、かつ適切な処置がとられていない場合に不適合となります。

プロセス監査は、品質保証には役立ちますが、経営にはあまり役立ちません。一方プロセスアプローチ監査は、パフォーマンスの改善に寄与し、経営に役立つ監査とすることができます。

プロセス監査は、業務手順への適合性の監査で、プロセスアプローチ監査は、プロセスの有効性の監査ということになります。一般的に行われているプロセス監査と、新しいプロセスアプローチ監査の相違を理解することが必要です（図 4.6、図 4.7 参照）。

第4章　プロセスアプローチ内部監査

従来のプロセス監査（業務別監査） ＝業務手順への適合性の監査	＋	プロセスアプローチ監査 ＝プロセスの有効性の監査

図 4.6　プロセス監査とプロセスアプローチ監査

	今まで一般的に行われている **プロセス監査（業務別監査）**	本書でいう **プロセスアプローチ監査**
監査基準	プロセスフロー図、業務手順書など	
監査基準に含まれる内容	プロセス（業務）のステップと仕事の進め方	プロセスの各ステップに対する目標と評価指標
監査の方法	プロセスフロー図および業務手順書に従って、業務が行われているかどうかをチェック	プロセスの各ステップに対する目標が達成されているかどうかをチェック
不適合となる場合	プロセスフローおよび業務手順書に従って、業務が行われていない場合	プロセスの各ステップの目標が達成されていない場合、または目標達成のための適切な処置がとられていない。
監査の成果	品質保証には役立つが、経営には役立たない。	パフォーマンスが改善し、経営に役立つ。
監査の種類	業務手順への **適合性の監査**	プロセスの **有効性の監査**

図 4.7　プロセス監査とプロセスアプローチ監査の相違

96

4.1.3　要求事項別監査における有効性の確認

4.1.1 項において、要求事項別監査は適合性の監査であると述べましたが、要求事項別監査においても、有効性の確認を行うことが可能です。その例を次に示します。

例えば、ISO 9001 規格（箇条 9.3.2、9.3.3）では、マネジメントレビューのインプットおよびアウトプットとして、次の項目を挙げています。

－ ISO 9001（箇条 9.3.2、9.3.3）の要旨 －

ISO 9001 箇条 9.3.2、9.3.3

① 　マネジメントレビューのインプット項目

　a)　前回までのマネジメントレビューの結果とった処置の状況

　b)　品質マネジメントシステムに関連する外部・内部の課題の変化

　c)　次に示す傾向を含めた、品質マネジメントシステムのパフォーマンスと有効性に関する情報

　　1)　顧客満足および利害関係者からのフィードバック

　　2)　品質目標が満たされている程度

　　3)　プロセスパフォーマンス、および製品・サービスの適合

　　4)　不適合・是正処置

　　5)　監視・測定の結果

　　6)　監査結果

　　7)　外部提供者のパフォーマンス

　d)　資源の妥当性

　e)　リスクおよび機会に取り組むためにとった処置の有効性（6.1 参照）

　f)　改善の機会

② 　マネジメントレビューのアウトプット項目

　a)　改善の機会

　b)　品質マネジメントシステムのあらゆる変更の必要性

　c)　資源の必要性

97

内部監査では、上記の各インプット 12 項目がレビューされていることの確認で終わっている場合が多いようです。これは適合性の監査に相当します。

しかし、マネジメントレビューは、何のために行うのでしょうか。これに関して、ISO 9001 規格(箇条 9.3.1)では、次のように述べています。

－ ISO 9001(箇条 9.3.1)の要旨 －

> ISO 9001 箇条 9.3.1
> ① トップマネジメントは、品質マネジメントシステムが、<u>次のことを確実にするために</u>、あらかじめ定めた間隔で、品質マネジメントシステムをレビューする。
>   a) 引き続き、適切、妥当かつ有効である。
>   b) 組織の戦略的な方向性と一致している。

したがって、マネジメントレビューにおいて上記の a)、b) が評価されているかどうか、その結果はどうかすなわち各要求事項が満たされているかどうかではなく、各要求事項の"目的"は何か、その目的が達成されたかどうかを確認することによって、有効性の監査とすることができます(図 4.8 参照)。

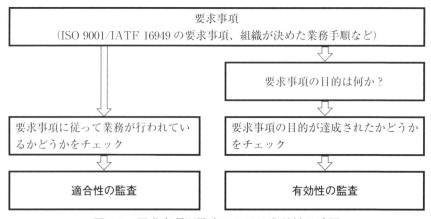

図 4.8　要求事項別監査における有効性の確認

4.2　プロセスアプローチ監査の手順

4.2.1　プロセスアプローチ監査の方法

　部門別監査では、手順どおりに実施しているかどうかをチェックすることに監査の視点が置かれるのに対して、プロセスアプローチ監査では、プロセスの結果が目標や計画を達成しているかどうかに視点を置きます。

　適合性の監査である部門別監査よりも、有効性の監査であるプロセスアプローチ監査のほうが、結果につながる監査となり、監査の効果と効率がよいといえます。プロセスアプローチ監査によって、プロセスの有効性と効率性を評価することができます。

　部門別監査とプロセスアプローチ監査における質問の例を図 4.9 に示します。

部門別監査での質問	プロセスアプローチ監査での質問
①　あなたの仕事の内容を説明してください。 ②　その仕事の手順は決まっていますか？　手順書はありますか？ ③　手順どおりに仕事が行われていますか？ ④　手順どおりに仕事が行われたことを、どのようにして確認していますか？ ⑤　手順どおりに仕事が行われたという証拠（記録）を見せてください。 ⑥　手順どおりに仕事が行われなかった場合、どのような処置をとりましたか？ ⑦　その処置の内容と時期は適切でしたか？	①　プロセスの目標と計画は決まっていますか？ ②　プロセスをどのように実行していますか？ ③　プロセスが計画どおりに実行されていること、および目標が達成されることは、どのようにしてわかりますか？ ④　プロセスが計画どおりに実行されましたか、目標が達成されましたか？ ⑤　目標が達成されないことがわかった場合、どのような処置をとりましたか？ ⑥　その処置の内容と時期は適切でしたか？ ⑦　プロセスの目標と計画は適切でしたか？
⇩	⇩
手順どおりに仕事を行うようになる。	目標が達成できるようになる。

図 4.9　部門別監査とプロセスアプローチ監査の質問の例

4.2.2　プロセスアプローチ監査のチェックリスト

　プロセスアプローチ監査では、タートル図をチェックリストとして使用することができます。しかしタートル図は、要求事項の箇条番号がわかりにくいという欠点があります。本書の各節において、内部監査で使用できる、次のような文書について説明してきました。

① プロセスマップ(図 2.20、p.41 参照)
② プロセスオーナー表(図 2.25、p.44 参照)
③ プロセス－要求事項関連図(図 2.29、p.46 参照)
④ プロセスフロー図(図 2.16、p.37 参照)
⑤ タートル図(図 2.17、p.38 参照)

　上記①のプロセスマップと②のプロセスオーナー表、および④のプロセスフロー図から、⑤のタートル図を作成することができます。そして⑤のタートル図と③のプロセス－要求事項関連図から、図 4.11 に示す内部監査チェックリストを作成することができます(図 4.10 参照)。

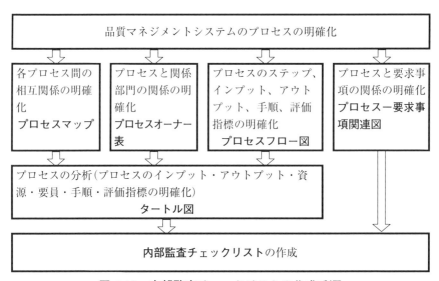

図 4.10　内部監査チェックリストの作成手順

4.2　プロセスアプローチ監査の手順

内部監査チェックリスト			
監査対象プロセス	顧客満足プロセス	監査日	20xx- xx - xx
プロセスオーナー	営業部長	監査員	監査員 A、監査員 B
面接者	営業部長、品質保証部長	監査基準	ISO 9001/IATF 16949

	確認する文書・記録等	要求事項	監査結果
品質目標	・プロセスの目標 ・部門の目標 ・製品の目標	6.2 8.3.3	
アウトプット	・顧客アンケート結果 ・マーケットシェア率 ・顧客クレーム件数 ・顧客の受入検査不良率 ・顧客スコアカード ・顧客ポータル	8.2.1 8.7 9.1.2 9.1.3 10.2	
インプット	・前年度顧客満足度データ ・市場動向、同業他社状況 ・顧客満足度改善目標 ・顧客満足度改善実行計画 ・製品出荷実績データ ・製品返品実績データ	4.2 4.3.2 8.2.1 8.2.2	
物的資源（設備・システム・情報）	・データ分析用パソコン ・顧客とのデータ交換システム	7.1.3 8.2.1	
人的資源 （要員・力量）	・営業部長、品質保証部長 ・顧客折衝能力	7.2 7.3	
運用方法 （手順・技法）	・顧客満足規定 ・顧客満足プロセスフロー図 ・顧客満足タートル図 ・顧客アンケート用紙	9.1.2 9.1.3 10.2	
評価指標（監視測定 指標と目標値） 　・目標・計画 　・実績 　・改善処置	・顧客満足度改善目標達成度 ・顧客アンケート結果 ・マーケットシェア ・顧客クレーム件数度 ・顧客の受入検査不良率 ・顧客補償請求金額	9.1.1 9.1.2 9.1.3 10.2	
関連支援プロセス	・製品実現プロセス（受注〜出荷） ・教育訓練プロセス	8.1 〜 8.7	
関連マネジメント プロセス	・方針展開プロセス ・製造プロセス ・内部監査プロセス	5.1 5.2 9.2	

図 4.11　内部監査チェックリストの例

第4章　プロセスアプローチ内部監査

4.3　プロセスアプローチ内部監査の進め方

　品質マネジメントシステムのプロセスの運用は、PDCA（Plan－Do－Check－Act）の順に行いますが、自動車産業のプロセスアプローチ監査は、図 2.17 （p.38）にその例を示したプロセスのタートル図を用いて、PDCA の順ではなく、図 4.12 に示す CAPD（Check－Act－Plan－Do）の順（CAPDo ロジックといわれる）に従って実施します。また、この方法によるプロセスアプローチ監査の一般的な監査のフローは、図 4.13 に示すようになります。

　プロセスアプローチ監査は、CAPD の順に行うことにより、有効性だけでなく、適合性の不適合についても、より効率的に問題点見つけることができます。

　CAPDo 方式と PDCA 方式の比較を図 4.14（p.104）に、タートル図を用いた CAPDo による適合性不適合検出のフロー図を 4.16（p.105）に、タートル図を用いたプロセスアプローチ監査への活用の例を、図 4.15（p.104）および図 4.17 （p.106）に示します。

ステップ	確認事項
C（Check）	パフォーマンスに対する質問から始める。 ・期待される指標とその目標値は何か？ ・実際のパフォーマンス（結果）はどうか？
A（Act）	パフォーマンス改善のために、どのような活動が展開されたか？
P（Plan）	・計画は目標を達成できるようなものになっているか？ ・以前の活動結果は考慮されているか？ ・計画は ISO 9001/IATF 16949 規格要求事項を満足するか？ ・確実な手順・計画となっているか？
Do（Do）	・計画どおり実行されているか？ ・現場で適用されているか（現場確認）？

図 4.12　プロセスアプローチ監査における CAPDo ロジック

4.3 プロセスアプローチ内部監査の進め方

ステップ	質問内容
ステップ 1	目標とする結果(アウトプット)は何か?
ステップ 2	その結果(有効性と効率)をどのような指標で管理しているか?
ステップ 3	有効性と効率の目標は何か?
ステップ 4	目標の達成度はどのように監視するか?
ステップ 5	達成度はどうか?
ステップ 6	目標未達の原因または過達の原因はないか?
ステップ 7	・目標達成のためにどのような人材が必要か? ・そのためにどのような訓練の仕組みが必要か?
ステップ 8	・目標達成のために必要なインフラストラクチャは何か? ・そのためにどのような管理の仕組みが必要か?
ステップ 9	・目標達成のために必要な基準・手順・標準・計画は何か? ・そのためにどのような標準化・文書化が必要か? ・その文書類の管理の仕組みはどのようになっているか?
ステップ 10	どのような改善計画、是正処置が展開されたか?
ステップ 11	改善計画や是正処置はどのようにフォローされているか?

図 4.13 プロセスアプローチ監査の監査のフローの例

　なお参考のために、本書の主眼ではありませんが、タートル図を用いて PDCA の順に行う、適合性中心の監査確認項目の例を図 4.18 に示します。この場合は、確認する順番は、タートル図のどの要素からでもよいですが、各要素について PDCA の順に確認することになります。

　これは、図 4.7(p.96)に述べたプロセス監査(業務別監査)に相当します。このように、タートル図は、プロセスアプローチ監査だけでなく、適合性の監査にも利用することができます。タートル図をうまく利用するとよいでしょう。

第4章 プロセスアプローチ内部監査

監査方式	CAPDo 方式	PDCA 方式
使われているケース	自動車産業のプロセスアプローチ監査。	一般に行われている監査。
有効性不適合の検出	有効性の不適合を見つけることができる。	有効性の不適合を見つけることができない。
適合性不適合の検出	適合性の不適合を見つけることができる。	適合性の不適合を見つけることができる。
適合性不適合検出の感度	感度(検出力)はよい。 ・短時間で不適合を見つけることができる。	感度(検出力)はよくない。 ・不適合を見つけるのに時間がかかる。

図 4.14 CAPDo 方式と PDCA 方式の比較

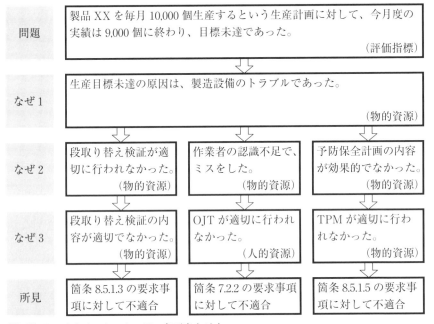

[備考] （　）内は、タートル図の各要素を示す。

図 4.15 タートル図のプロセスアプローチ監査への活用の例(1)

4.3 プロセスアプローチ内部監査の進め方

(タートル図の評価指標に関して)
プロセスの目標未達の評価指標を見つける。

プロセスの目標未達には、必ず原因があるはず。

目標未達の原因を調査する。
・被監査部門から聞く。

目標未達の原因は、タートル図のいずれかの要素にある。
・インプット(材料またはプロセスの目標)、運用手順、物的資源、人的資源など

目標未達の原因を特定する。

原因に関連する要求事項を調査する。
・ISO 9001/IATF 16949 の要求事項の項目(箇条)を特定する。

要求事項を満たしていないから、目標を達成できなかったという説明をする。

要求事項を満たしていないということは、その要求事項に対する不適合となる。

CAPDo 方式によって、適合性の不適合を検出することができる。

その検出の感度は、PDCA 方式における感度に比べて、はるかに高い。

PDCA 方式の監査によって、有効性の不適合だけでなく、適合性の不適合を効率よく見つけることができる。

図 4.16　タートル図を用いた CAPDo による適合性不適合検出のフロー

第4章　プロセスアプローチ内部監査

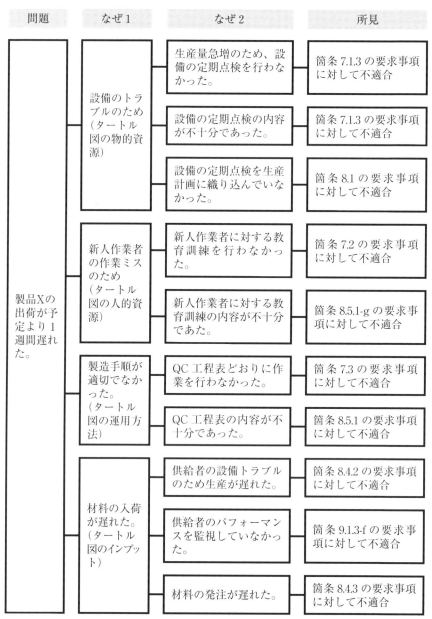

図 4.17　タートル図のプロセスアプローチ監査への活用の例(2)

4.3 プロセスアプローチ内部監査の進め方

タートル図	確認事項	監査所見
インプット	① プロセスのインプットが明確になっているか？ ② 必要なインプットが準備されているか？ ③ 必要なインプットが準備されていない原因を追及する。	①、②が適切に行われていない場合に不適合
アウトプット	① プロセスのアウトプット（成果物）が明確になっているか？ ② 必要な成果物が準備されているか？ ③ 必要な成果物が準備されていない原因を追及する。	①、②が適切に行われていない場合に不適合
物的資源 （設備・システム・情報）	① プロセスの運用に必要な設備などの物的資源が明確になっているか？ ② 各設備の保守管理計画（定期点検・日常点検・校正など）があるか？ ③ 各設備は計画にもとづいて管理されているか？ ④ 設備点検の記録はあるか？	①〜④が適切に行われていない場合に不適合
人的資源 （要員・力量）	① プロセスに必要な要員と力量が明確になっているか？ ② 力量確保のための教育訓練が行われているか？ ③ 実施した教育訓練の有効性（必要な力量に達したかどうか）の評価が行われているか？ ④ 実施した教育訓練はあるか？	①〜④が適切に行われていない場合に不適合
運用方法 （手順・技法）	① プロセスの運用方法（QC工程図・コントロールプラン・作業手順書・技法など）が明確になっているか？ ② 作業は、①の文書に従って行われているか（現場での確認）？ ③ どのような問題が発生したか？ ④ 問題が発生したときに、どのような処置をとったか？	①、②、④が適切に行われていない場合に不適合
評価指標 （監視・測定指標と目標）	① プロセスの評価指標（KPI）と目標値が明確になっているか？ ② 評価指標は、監視・測定されているか ③ 評価指標の監視・測定の結果、目標を達成できそうにないことがわかったときに、適切な処置をとったか？ ④ 評価指標の目標は達成されたか？ ⑤ 評価指標の目標が達成されなかった原因は何か？ ⑥ 評価指標と目標は適切であったか？	①〜③、⑥が適切に行われていない場合に不適合

図4.18 タートル図を用いた適合性中心の監査の確認項目の例

第5章

内部監査における効果的な指摘と是正処置

第 5 章　内部監査における効果的な指摘と是正処置

　本章では、効果的な是正処置の方法、プロセスアプローチ監査における指摘
と是正処置、および是正処置の有効性確認方法などについて説明します。

　この章の項目は、次のようになります。

　　　5.1　　　不適合の区分
　　　5.1.1　　重大な不適合と軽微な不適合
　　　⑴　　　不適合の範囲の大きさによる分類
　　　⑵　　　不適合の影響の大きさによる分類
　　　5.1.2　　改善の機会
　　　5.2　　　効果的な是正処置の方法
　　　5.2.1　　修正と是正処置
　　　5.2.2　　是正処置の責任分担
　　　5.3　　　プロセスアプローチ監査における指摘
　　　5.4　　　是正処置の有効性の確認方法
　　　5.5　　　IATF 16949 における監査報告書の記載方法

5.1 不適合の区分

5.1.1 重大な不適合と軽微な不適合

　ISO 19011 規格では、不適合を等級づけしてもよいと述べていますが、その具体的な基準については述べていません。内部監査の不適合の等級と基準は、組織で決めることになります。

　図5.1 は、図3.21（p.80）にも示しましたが、監査所見を等級づけする基準の例を示しています。このように、重大な不適合と軽微な不適合に分ける方法として、不適合の範囲の大きさによる基準と、不適合の顧客、法規制あるいは組織自体への影響の度合いによる基準があります。

	不適合の範囲 の大きさによる分類	不適合の影響 の大きさによる分類
重大な不適合	品質マネジメントシステム全体において、ある要求事項を満たさない不適合	法規制への違反または顧客への不適合製品出荷の恐れがある不適合
軽微な不適合	品質マネジメントシステムの一部の部門またはプロセスで、ある要求事項を満たさない不適合	法規制への違反または顧客への不適合製品出荷の恐れがない不適合
改善の機会	不適合ではないが、改善の余地がある場合	

図 5.1　内部監査所見の等級の例

（1）　不適合の範囲の大きさによる分類

　不適合の範囲の大きさによる軽微な不適合の例を図5.2 に、また重大な不適合の例を図5.3 に示します。図5.2 は、組織の品質マネジメントシステムのプロセスのうち、設計プロセスのみにおいて、プロセスの監視指標が設定されていなかったが、その他のプロセスでは、プロセスの監視指標が設定されていたというもので、組織の品質マネジメントシステムの一部において要求事項を満たさない場合を、軽微な不適合としています。

　一方図5.3 は、組織の品質マネジメントシステムの複数のプロセスにおいて、

第 5 章　内部監査における効果的な指摘と是正処置

プロセスの監視指標が設定されていなかったというもので、組織の品質マネジメントシステム全体において、ISO 9001 のある要求事項が満たされていない場合を、重大な不適合としています。

(2)　不適合の影響の大きさによる分類

　不適合の影響の大きさによる軽微な不適合と、その原因と是正処置の例を図5.4 および図 5.5 に、また重大な不適合と、その原因と是正処置の例を図 5.6 および図 5.7 に示します。これらの不適合の内容は、いずれも製造課の加工現場において、旧版の製作図が使われていたというものです。図 5.4 の場合は、その原因は図 5.5 に示すように、図面の改訂が遅れていたためであり、製品や顧客への影響はないため、軽微な不適合としています。

　一方図 5.6 の場合は、その原因は図 5.7 に示すように、作業者の勝手な判断で図面を修正したことが原因であり、不適合製品が出荷されて顧客に迷惑を与える危険性があり、重大な不適合としています。

　なお、不適合の影響が大きいにもかかわらず、たまたまある部門で見つかった不適合であるからという理由で、軽微な不適合にしたり、軽微な内容であるからという理由で、改善の機会にするのは、正しくありません。内部監査は、サンプリングで一部しか確認していないため、たまたま見つかったとしても、同様の問題が他にもある可能性があるからです。注意が必要です。

5.1.2　改善の機会

　改善の機会は、要求事項に対する不適合ではありませんが、品質マネジメントシステムにおいて改善の余地がある場合の監査所見です。改善の機会の内容については、ISO 19011 では定義していませんが、次のようなものが考えられます。

① 　要求事項に対して不適合が発生する可能性のある場合

② 　有効性の改善に関する所見

③ 　パフォーマンスの改善に関する所見

④ 　要求事項に対する実施事例がない場合

112

5.1 不適合の区分

内部監査所見報告書(不適合報告書)			
内部監査日	20xx 年 xx 月 xx 日	報告書番号	NCRxxxx
監査プロセス	設計プロセス	発行日	20xx 年 xx 月 xx 日
被監査部門	設計部	監査員	監査員 A

規格要求事項 　　**ISO 9001 項番** 　9.1.1 監視・測定・分析および評価

ISO 9001 規格(9.1.1)では、次のことを要求している。

① 監視・測定に関して、次の事項を決定する。

　a) 監視・測定が必要な対象 （以下省略）

② 品質マネジメントシステムのパフォーマンスと有効性を評価する。

③ この結果の証拠として、適切な文書化した情報を保持する。

不適合事項 / 改善の機会の記述 　**区分** 　□重不適合 　■軽不適合 　□改善の機会

① 品質マニュアル(9.1.1)では、"品質マネジメントシステムのすべてのプロセスに対して、それぞれのプロセスオーナーは、年度はじめにプロセスの監視・測定指標を設定して、毎月監視・測定する"と規定している。

② しかし、設計プロセスに対する内部監査において、監査員は、設計プロセスの監視・測定指標を確認することができなかった。

③ 設計部長に確認したところ、"今年は設計プロセスの監視・測定指標を設定していない"との説明があった。

④ その他のプロセスにおいては、プロセスの監視・測定指標が設定されていたことを、監査員は「20xx 年度製造プロセス監視・測定指標」など、それぞれのプロセスで確認した。

⑤ 設計プロセスにおいて、プロセスの監視・測定指標が設定されていないことは、上記 ISO 9001 規格要求事項および品質マニュアルの規定に対して不適合である。

客観的証拠

① 品質マニュアル(9.1.1)では、"品質マネジメントシステムのすべてのプロセスに対して、プロセスの監視・測定指標を設定する"と規定されている。

② "設計プロセスの監視・測定指標は設定していない"という設計部長の発言があった。

③ 製造プロセスの監視・測定指標は、「20xx 年度製造プロセス監視・測定指標」(20xx-xx-xx)に記載されていた。

是正処置の要否	■ 是正処置必要		□ 是正処置不要
是正処置完了予定日	20xx 年 xx 月 xx 日		
署　名	被監査部門長	設計部 ○○○○	監査員　監査員 A
備　考			

図 5.2　内部監査所見報告書―軽微な不適合：要求事項への不適合度"小"の例

113

第 5 章　内部監査における効果的な指摘と是正処置

内部監査所見報告書（不適合報告書）			
内部監査日	20xx 年 xx 月 xx 日	報告書番号	NCRxxxx
監査プロセス	設計プロセス	発行日	20xx 年 xx 月 xx 日
被監査部門	設計部	監査員	監査員 A

規格要求事項	ISO 9001 項番	9.1.1 監視・測定・分析および評価

ISO 9001 規格（9.1.1）では、次のことを要求している。

① 監視・測定に関して、次の事項を決定する。

　a) 監視・測定が必要な対象　（以下省略）

② 品質マネジメントシステムのパフォーマンスと有効性を評価する。

③ この結果の証拠として、適切な文書化した情報を保持する。

不適合事項 / 改善の機会の記述	区分	□重不適合　■軽不適合　□改善の機会

① 品質マニュアル（9.1.1）では、"品質マネジメントシステムのすべてのプロセスに対し
　て、それぞれのプロセスオーナーは、年度はじめにプロセスの監視・測定指標を設定し
　て、毎月監視・測定する"と規定している。

② しかし、今までに内部監査を行った、設計プロセス、購買プロセスおよび製造プロセ
　スについて、プロセスの監視・測定指標を確認することができなかった。

③ 品質マネジメントシステムの管理責任者に確認したところ、"設計プロセス、購買プロ
　セスおよび製造プロセスは、当社にとって重要なプロセスであり、それぞれの手順どお
　りに仕事をすることを指導しているが、各プロセスの監視・測定指標が設定されている
　かどうかについては確認していないので、監視・測定指標は設定していないと思う"と
　の説明があった。

客観的証拠

① 品質マニュアル（9.1.1）では、"品質マネジメントシステムのすべてのプロセスに対して、
　プロセスの監視・測定指標を設定する"と規定されている。

② 設計プロセス、購買プロセスおよび製造プロセスは、当社にとって重要なプロセスで
　あるという管理責任者の発言があった。

③ 主要プロセスである、設計プロセス、購買プロセスおよび製造プロセスの監視・測定
　を示す証拠がなかった。

④ "各プロセスの監視・測定指標は設定していない"という管理責任者の発言があった。

是正処置の要否	■　是正処置必要		□　是正処置不要
是正処置完了予定日	20xx 年 xx 月 xx 日		
署　名	被監査部門長	設計部　○○○○	監査員	監査員 A
備　考			

図 5.3　内部監査所見報告書－重大な不適合：要求事項への不適合度"大"の例

5.1 不適合の区分

内部監査所見報告書（不適合報告書）			
内部監査日	20xx 年 xx 月 xx 日	報告書番号	NCRxxxx
監査プロセス	製造プロセス	発行日	20xx 年 xx 月 xx 日
被監査部門	製造部	監査員	監査員 A

規格要求事項	ISO 9001 項番	7.5.2 文書の作成および更新

ISO 9001 規格(7.5.2)では、次のことを要求している。

① 文書化した情報を作成・更新する際、次の事項を確実にする。

    a) 識別・記述：例えば、タイトル、日付、作成者、参照番号など

    b) 適切な形式：例えば、言語、ソフトウェアの版、図表、および媒体(例えば、紙・電子媒体)など

    c) 適切性および妥当性に関する、適切なレビュー・承認

不適合事項 / 改善の機会の記述	区分	□重不適合 　■軽不適合 　□改善の機会

① 品質マニュアル(7.5.2)には、上記 ISO 9001 規格と同様に記載されている。

② 製造部の加工現場において、製品 X(品番 xxxx)の機械加工が製品 X の製作図(第 1 版)に従って行われていた。

③ その製作図には、加工寸法 Y の規格が 10.0 ± 0.5mm と印刷されたところが、10.0 ± 1.0mm とボールペンで手書き修正されていた。

④ 製作図面の修正箇所に承認印(サイン)はなかった。

⑤ 製造部の事務所に保管されている「図面管理台帳」の最新版(20xx-xx-xx)を調べたところ、製品 X の製作図の最新版は第 1 版と示され、修正のない第 1 版の図面が保管されていた。

⑥ 製造部の加工現場において、承認のない修正がなされた製作図が使用されていたことは、上記 ISO 9001 規格要求事項および品質マニュアルの規定に対して不適合である。

客観的証拠

① 「図面管理台帳」の最新版(20xx-xx-xx)では、製品 X の製作図の最新版は第 1 版(20xx-xx-xx)と記載されていた。

② 製造部の事務所に保管されていた、製品 X の製作図は、修正のない第 1 版であった。

③ 加工現場で使用されていた製品 X(品番 xxxx)の製作図は、第 1 版にボールペンで手書き修正されたものであった。

是正処置の要否	■ 是正処置必要		□ 是正処置不要
是正処置完了予定日	20xx 年 xx 月 xx 日		
署 名	被監査部門長	設計部 ○○○○	監査員	監査員 A
備 考			

図 5.4 内部監査所見報告書－軽微な不適合：顧客への影響度 "小" の例

115

第 5 章　内部監査における効果的な指摘と是正処置

是正処置報告書			
内部監査日	20xx 年 xx 月 xx 日	報告書番号	CARxxxx
監査プロセス	製造プロセス	発行日	20xx 年 xx 月 xx 日
被監査部門	製造部	所見報告書番号	NCRxxxx
ISO 9001 項番	7.5.2	担当監査員	監査員 A

不適合 / 改善の機会の内容

① 製造課の加工現場において、製品 X(品番 xxxx)の機械加工が製品 X の製作図(第 1 版)に従って行われていた。

② その製作図には、10.0 ± 0.5mm と印刷された加工寸法 Y の規格が、10.0 ± 1.0mm とボールペンで手書き修正されていた。

③ 修正箇所に承認印(サイン)はなかった。

④ 製造部事務所の「図面管理台帳」では、製品 X の製作図の最新版は第 1 版と示され、第 1 版の図面が保管されていた。

(是正処置完了予定日：20xx 年 xx 月 xx 日)

被監査部門長
○○○○
日付：20xx-xx-xx

不適合 / 改善の機会の原因

① 製品 X の顧客仕様書の内容が変更になったが、社内図面の改訂が遅れていたため。

被監査部門長
○○○○
日付：20xx-xx-xx

修正処置(不適合の除去)

① ボールペンで修正された製品 X の図面に承認印を追記した。

② 全プロセス、全部門における過去 1 年間の図面について確認した結果、他に同様の問題はないことを確認した。

被監査部門長
○○○○
日付：20xx-xx-xx

是正処置(不適合の原因の除去、再発防止策)

① ボールペンで手書き修正された図面は使用しないルールを、「文書管理規定」に盛り込むとともに、関係者に対する教育訓練を行った。

被監査部門長
○○○○
日付：20xx-xx-xx

是正処置結果の評価

① 是正処置が適切であることを確認した。

監査員
監査員 A
日付：20xx-xx-xx

是正処置の有効性評価(次回監査における確認)

① その後類似の問題は発生しておらず、是正処置が有効であることを確認した。

監査員
監査員 A
日付：20xx-xx-xx

総括コメント

① 指摘事項および是正処置は有効であると判断する。

管理責任者
○○○○
日付：20xx-xx-xx

図 5.5　是正処置報告書－軽微な不適合：顧客への影響度 "小" の例

5.1 不適合の区分

内部監査所見報告書（不適合報告書）			
内部監査日	20xx 年 xx 月 xx 日	報告書番号	NCRxxxx
監査プロセス	製造プロセス	発行日	20xx 年 xx 月 xx 日
被監査部門	製造部	監査員	監査員 A

規格要求事項	ISO 9001 項番	7.5.2 文書の作成および更新

ISO 9001 規格(7.5.2)では、次のことを要求している。

① 文書化した情報を作成・更新する際、次の事項を確実にする。

　a)　識別・記述：例えば、タイトル、日付、作成者、参照番号など

　b)　適切な形式：例えば、言語、ソフトウェアの版、図表、および媒体(例えば、紙・電子媒体)など

　c)　適切性および妥当性に関する、適切なレビュー・承認

不適合事項 / 改善の機会の記述	区分	■重不適合　　□軽不適合　　□改善の機会

① 品質マニュアル(7.5.2)には、上記 ISO 9001 規格と同様に記載されている。

② 製造部の加工現場において、製品 X(品番 xxxx)の機械加工が製品 X の製作図(第 1 版)に従って行われていた。

③ その製作図には、加工寸法 Y の規格が 10.0 ± 0.5mm と印刷されたところが、10.0 ± 1.0mm とボールペンで手書き修正されていた。

④ 製作図面の修正箇所に承認印(サイン)はなかった。

⑤ 製造部の事務所に保管されている「図面管理台帳」の最新版(20xx-xx-xx)を調べたところ、製品 X の製作図の最新版は第 1 版と示され、修正のない第 1 版の図面が保管されていた。

⑥ 製造部の加工現場において、承認のない修正がなされた製作図が使用されていたことは、上記 ISO 9001 規格要求事項および品質マニュアルの規定に対して不適合である。

客観的証拠

① 「図面管理台帳」の最新版(20xx-xx-xx)では、製品 X の製作図の最新版は第 1 版(20xx-xx-xx)と記載されていた。

② 製造部の事務所に保管されていた、製品 X の製作図は、修正のない第 1 版であった。

③ 加工現場で使用されていた製品 X(品番 xxxx)の製作図は、第 1 版にボールペンで手書き修正されたものであった。

是正処置の要否	■　是正処置必要		□　是正処置不要
是正処置完了予定日	20xx 年 xx 月 xx 日		
署　名	被監査部門長	設計部　○○○○	監査員	監査員 A
備　考				

図 5.6　内部監査所見報告書－重大な不適合：顧客への影響度 "大" の例

117

第 5 章　内部監査における効果的な指摘と是正処置

<table>
<tr><td colspan="4" align="center">是正処置報告書</td></tr>
<tr><td>内部監査日</td><td>20xx 年 xx 月 xx 日</td><td>報告書番号</td><td>CARxxxx</td></tr>
<tr><td>監査プロセス</td><td>製造プロセス</td><td>発行日</td><td>20xx 年 xx 月 xx 日</td></tr>
<tr><td>被監査部門</td><td>製造部</td><td>所見報告書番号</td><td>NCRxxxx</td></tr>
<tr><td>ISO 9001 項番</td><td>7.5.2</td><td>担当監査員</td><td>監査員 A</td></tr>
<tr><td colspan="3">不適合 / 改善の機会の内容
①　製造課の加工現場において、製品 X(品番 xxxx)の機械加工が製品 X の製作図(第 1 版)に従って行われていた。
②　その製作図には、加工寸法 Y の規格が手書き修正されていたが、修正箇所に承認印(サイン)はなかった。
(是正処置完了予定日：20xx 年 xx 月 xx 日)</td><td>被監査部門長
○○○○
日付：20xx-xx-xx</td></tr>
<tr><td colspan="3">不適合 / 改善の機会の原因
①　加工機の能力から判断して、加工精度が厳しすぎるため、作業者の判断で寸法 Y の規格値を変更して、図面を修正したため。</td><td>被監査部門長
○○○○
日付：20xx-xx-xx</td></tr>
<tr><td colspan="3">修正処置(不適合の除去)
①　他に同様の問題はないことを確認した。
②　問題の図面で製作した出荷前の在庫品全数(1,000 個)の妥当性を確認した結果、10% に相当する 100 個が規格外れであることがわかり、出荷停止した。また、出荷済み製品 5,000 個全数を回収・再検査を行い、規格外れ品 500 個を代納した。</td><td>被監査部門長
○○○○
日付：20xx-xx-xx</td></tr>
<tr><td colspan="3">是正処置(不適合の原因の除去、再発防止策)
①　手書き修正された図面の使用を禁止したルールを、「文書管理規定」に盛り込むとともに、関係者に対する教育訓練を行った。
②　現場で使用されている図面が適切な版であることの確認を、製造課長が毎週 1 回行うことにした。</td><td>被監査部門長
○○○○
日付：20xx-xx-xx</td></tr>
<tr><td colspan="3">是正処置結果の評価
①　是正処置が適切であることを確認した。</td><td>監査員
監査員 A
日付：20xx-xx-xx</td></tr>
<tr><td colspan="3">是正処置の有効性評価(次回監査における確認)
①　その後類似の問題は発生しておらず、是正処置が有効であったことを確認した。</td><td>監査員
監査員 A
日付：20xx-xx-xx</td></tr>
<tr><td colspan="3">総括コメント
①　指摘事項および是正処置は有効であると判断する。</td><td>管理責任者
○○○○
日付：20xx-xx-xx</td></tr>
</table>

図 5.7　是正処置報告書－重大な不適合：顧客への影響度 "大" の例

5.2　効果的な是正処置の方法

5.2　効果的な是正処置の方法

5.2.1　修正と是正処置

　ISO 9001 では、内部監査で発見された不適合に対して、修正と是正処置の両方を行うことを求めています。また、ISO 9001 規格（箇条 10.2.1、10.2.2）では、不適合および是正処置に関して、次のように述べています。

－ ISO 9001（箇条 10.2.1、10.2.2）の要旨－

ISO 9001 箇条 10.2.1、10.2.2
① 　不適合が発生した場合、次の事項を行う（顧客苦情を含む）。
　a)　その不適合に対処し、次の事項を行う（該当する場合には必ず）。
　　1)　その不適合を管理し、修正するための処置をとる。
　　2)　その不適合によって起こった結果に対処する。
　b)　その不適合が再発または他のところで発生しないようにするため、次の事項によって、その不適合の原因を除去するための処置をとる必要性を評価する。
　　1)　その不適合をレビューし、分析する。
　　2)　その不適合の原因を明確にする。
　　3)　類似の不適合の有無、またはそれが発生する可能性を明確にする。
　c)　必要な処置を実施する。
　d)　とったすべての是正処置の有効性をレビューする。
　e)　計画の策定段階で決定したリスクおよび機会を更新する（必要な場合）。
　f)　品質マネジメントシステムの変更を行う（必要な場合）。
② 　是正処置は、検出された不適合のもつ影響に応じたものとする。
③ 　次に示す事項の証拠として、文書化した情報を保持する（記録の作成）。
　a)　不適合の性質およびそれに対してとった処置
　b)　是正処置の結果

　上記の① a)は、不適合の修正について、そして① b)と②は、是正処置について述べています。

119

第5章 内部監査における効果的な指摘と是正処置

　内部監査で発見された不適合に対して、不適合の除去、すなわち不適合でないようにするのが修正です。修正は、応急処置あるいは暫定処置とも呼ばれています。また、類似製品への影響についても調査をすることが必要で、この修正の水平展開を遡及処置といいます。

　ところで、内部監査で発見された不適合に対して、是正処置ではなく修正に終わっていることが多いようです。ISOでいう是正処置とは、不適合の除去（修正処置）ではなく、不適合の原因の除去、すなわち再発防止策のことです。そのためには、不適合の原因を究明することが必要です。真の原因を究明しないと本当の再発防止策にはなりません。そのため、真の是正処置のためには、「なぜ」を5回繰り返す「なぜなぜ分析」を行う必要があるという人もいます（図5.8参照）。

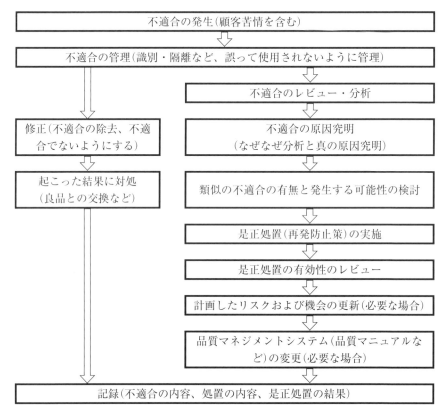

図5.8　不適合に対する修正と是正処置のフロー

5.2 効果的な是正処置の方法

ISO 9000 規格では、修正と是正処置について、次のように定義しています。

・修正 （correction）	・検出された不適合を除去するための処置。 ・修正として、例えば、手直しまたは再格付けがある。
・是正処置 （corrective action）	・検出された不適合またはその他の検出された望ましくない 　状況の原因を除去するための処置。 ・修正と是正処置とは異なる。

　例えば ISO 9001 規格(8.4.1)では、外部提供者(供給者)を評価・選定した後も、再評価することを要求しています。内部監査において、"供給者の再評価を行っていない"という不適合が発見された場合の処置として、単なる修正処置(不適合の除去)に終わっている例を図 5.9 に、そして修正処置だけでなく、是正処置(不適合の原因の除去、再発防止策)が行われている例を図 5.10 に示します。不適合に対して、是正処置ではなく修正に終わっている組織では、「是

是正処置報告書

内部監査日	20xx 年 xx 月 xx 日	報告書番号	CARxxxx
監査プロセス	購買プロセス	発行日	20xx 年 xx 月 xx 日
被監査部門	購買部	所見報告書番号	NCRxxxx
ISO 9001 項番	8.4.1	担当監査員	監査員 A

不適合 / 改善の機会の内容 ①　ISO 9001 規格(8.4.1)では、供給者を再評価することを要求している。また、A 社の「購買管理規定」では、供給者は毎年再評価すると規定されている。 ②　しかし A 社では、3 年前の ISO 9001 認証取得時にすべての供給者に対する評価を行ったが、その後再評価は行っていない。 　　　　　　　(是正処置完了予定日：20xx 年 xx 月 xx 日)	被監査部門長 〇〇〇〇 日付：20xx-xx-xx
是正処置(項目名は是正処置であるが、内容は修正処置の終わっている) ①　すべての供給者に対して、20xx 年 xx 月 xx 日に再評価を実施した。	被監査部門長 〇〇〇〇 日付：20xx-xx-xx
(以下省略)	

図 5.9　是正処置報告書－不適合の原因の除去が行われていない場合

121

第 5 章　内部監査における効果的な指摘と是正処置

是正処置報告書			
内部監査日	20xx 年 xx 月 xx 日	報告書番号	CARxxxx
監査プロセス	購買プロセス	発行日	20xx 年 xx 月 xx 日
被監査部門	購買部	所見報告書番号	NCRxxxx
ISO 9001 項番	8.4.1	担当監査員	監査員 A

不適合 / 改善の機会の内容	
①　ISO 9001 規格 (8.4.1) では、供給者を再評価することを要求している。また、A 社の「購買管理規定」では、供給者は毎年再評価すると規定されている。 ②　しかし A 社では、3 年前の ISO 9001 認証取得時にすべての供給者に対する評価を行ったが、その後再評価は行っていない。 （是正処置完了予定日：20xx 年 xx 月 xx 日）	被監査部門長 ○○○○ 日付：20xx-xx-xx
不適合 / 改善の機会の原因 ①　供給者の再評価が行われていない理由について、"現在の「供給者評価表」は再評価に適していないから" という購買課長の説明があった。	被監査部門長 ○○○○ 日付：20xx-xx-xx
修正処置(不適合の除去) ①　すべての供給者に対して、20xx 年 xx 月 xx 日に再評価を実施した。	被監査部門長 ○○○○ 日付：20xx-xx-xx
是正処置(不適合の原因の除去、再発防止策) ①　再評価に適した「供給者継続評価表」を作成した。 ②　ISO 9001 要求事項の重要性および「供給者継続評価表」について、関係者に再周知した。 ③　「供給者継続評価表」を用いて、すべての供給者に対して、20xx 年 xx 月 xx 日に再評価を実施した。	被監査部門長 ○○○○ 日付：20xx-xx-xx
是正処置結果の評価 ①　是正処置が適切であることを確認した。	監査員 監査員 A 日付：20xx-xx-xx
是正処置の有効性評価(次回監査における確認) ①　その後毎年供給者の評価が行われており、是正処置が有効であったことを確認した。	監査員 監査員 A 日付：20xx-xx-xx
総括コメント ①　指摘事項および是正処置は有効であると判断する。	管理責任者 ○○○○ 日付：20xx-xx-xx

図 5.10　是正処置報告書－不適合の原因の除去が行われている場合の例

122

正処置報告書」に原因究明欄が設けられていなかったり、修正と是正処置の欄が分かれていない場合が多いようです。

是正処置を行った場合は、その是正処置が本当に効果があるのかどうかを検証することが必要です。これが是正処置の有効性の確認です。是正処置の有効性の確認の方法については、5.4 節で説明します。

また是正処置をとった場合は、一般的に仕事の手順（ルール）や条件が変わることになり、手順書や基準などの文書が変更（あるいは新設）されます。手順書の変更を伴わない処置は、システムの変更になっていないため、本当の是正処置になっていないといってもよいかもしれません。修正と是正処置の違いを理解することが重要です。修正と是正処置の事例を図 5.11 に示します。

そして内部監査員は、内部監査のフォローアップにおいて、修正と是正処置の内容を確認することが必要です。内部監査員が行う是正処置内容の確認は、被監査部門から提出された是正処置の内容が、ISO 9001 の 10.2 ① a）～ f)の各ステップが行われているかどうかを確認することになります。

5.2.2 是正処置の責任分担

内部監査で不適合が発見された場合に、内部監査員が是正処置を考えるのではなく、被監査部門の責任者が、不適合の原因を究明して是正処置をとることが必要です（図 5.12 参照）。

その理由として、次の 2 つがあります。

① 被監査部門の業務内容を最もよく知っているのは、被監査部門の人であるため、真の原因究明と是正処置は、監査員よりも被監査部門の人が考えたほうが、効果的な是正処置を行うことができる。

② 監査員の是正処置案を押しつけると、被監査部門は、監査員に言われたことしか行わない傾向がある。

したがって、被監査部門の責任者が是正処置の案を考え、監査員がその内容を検討して、不十分であれば訂正させるようにするのがよいでしょう。

なお是正処置は、不適合の原因を除去することであるため、是正処置を実施する責任部門は、内部監査で不適合が発見された部門とは異なり、不適合の原因のある部門となる場合があります。

第 5 章　内部監査における効果的な指摘と是正処置

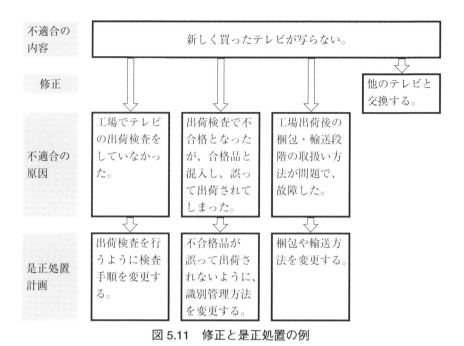

図 5.11　修正と是正処置の例

図 5.12　是正処置に対する監査チームと被監査部門の役割分担

5.3　プロセスアプローチ監査における指摘

　プロセスアプローチ監査は、業務（プロセス）の手順への適合性ではなく、部門やプロセスの目標や目標達成の計画が達成されたかどうか、そして目標や計画が達成されなかった場合の原因は何かを監査するものです。

　プロセスアプローチ監査において不適合となるのは、次のような場合です。

① 　部門やプロセスの目標が設定されていなかった。

② 　目標達成の計画が作成されていなかった。

③ 　目標達成の計画を作成する際に、リスクとリスクへの取組みが考慮されていなかった。

④ 　目標・計画に対する実施状況が監視されていなかった。

⑤ 　監視の結果、目標を達成できそうにないことがわかった場合に、適切な処置がとられていなかった。

　ここで、組織の内部監査所見を見ると、有効性の監査が重要になったということで、"品質目標が達成されていないから不適合"という記載を見ることがありますが、これでよいのでしょうか。もっとも、組織として監査所見の基準を、"目標達成"と決めている場合は、不適合とすることも可能です。

　しかしISO 9001規格には、"品質目標は達成しなければならない"という要求事項はありません。それは、ISO 9001では、品質マネジメントシステムの改善と、そのためのプロセスのPDCAによる改善（プロセスアプローチ）を求めているからです。

　品質目標が達成できなかったということは、システムやプロセスの運用に不適切な事項があり、その場合には、ISO 9001の要求事項のいずれかに対して不適合となるはずだからです。

　したがって、品質目標が達成されなかった場合、内部監査によって、その原因を追及して、"ISO 9001のこの要求事項に対して不適合"と指摘するのが望ましい解決方法です。目標や計画が達成できなかった場合の原因究明を経て、効果的に不適合を見つける方法が、プロセスアプローチ内部監査です。その例を図5.13に示します。

第 5 章　内部監査における効果的な指摘と是正処置

状況	ISO 9001 規格要求事項
部門・プロセスの目標が設定されていない。	（箇条 6.2.1） 下記において品質目標を策定する。 ・品質マネジメントシステムの機能・階層・プロセス
目標達成のための計画が作成されていない。	（箇条 6.2.2） 次の事項を含めた、品質目標を達成するための計画を策定する。 ・実施事項、必要な資源、責任者、完了時期、評価方法
目標達成のための計画が作成されていたが、リスクおよび機会への取組みが含まれていない。	（箇条 6.1.1、6.1.2） ① 品質マネジメントシステムの計画を策定する際に、取り組む必要があるリスクおよび機会を決定する。 ② 次の事項を計画する。 　a)上記リスクおよび機会への取組み
目標達成のための計画が実行されていない。	同上
目標達成のための計画の実施状況が監視されていない。	（箇条 9.1.1） 監視・測定に関して、次の事項を決定する。 b) 妥当な結果を確実にするために必要な、監視、測定、分析および評価の方法 c) 監視・測定の実施時期 d) 監視・測定の結果の分析・評価の時期
目標達成計画の実施状況監視の結果、目標が達成できそうにないことがわかったにもかかわらず、適切な処置がとられていない。	（箇条 9.1.3） 監視・測定からのデータおよび情報を分析し、評価する。分析の結果は、次の事項を評価するために用いる。 c) 品質マネジメントシステムのパフォーマンスと有効性
目標が達成されなかった。	上記要求事項のいずれか該当するものに対して不適合

図 5.13　プロセスアプローチ監査における不適合の例（処置の問題）

5.3　プロセスアプローチ監査における指摘

　ところで、品質目標を達成していれば、不適合はないと考えてよいでしょうか。例えば次のような場合を考えてみます。

　製造プロセスの品質目標として、不良率 10% 以下という目標が設定され、実績は 5% であったとします。この場合は、目標を達成しているため、不適合はないといえるでしょうか。例えば、前年度の不良率の実績が 5% であったとするとどうでしょうか。10% という目標は、努力しなくても達成できることになります。

　目標は、前年度よりも必ず厳しくしなければならないという要求事項はありません。しかし、もし "品質向上" という品質方針や、"不良率低減" という社長の年度目標がある場合には、前年度の実績と同じ目標を設定したことが問題となります。すなわち、品質目標が、品質方針と整合しておらず、品質目標の設定内容自体が不適合となります（図 5.14 参照）。したがって、品質目標を達成していれば、不適合ではないと考えるのは要注意です（図 5.15、p.129 参照）。

状況	ISO 9001 規格要求事項
部門・プロセスの目標が設定され、目標達成のための計画が作成されていた。	
↓	
目標の設定が適切でなかった。例えば、 ・前年度実績よりも甘い目標である。 ・品質方針と整合していない。	（箇条 6.2.1） 品質目標は、次の事項を満たすものとする。 a)　品質方針と整合している。 d)　製品・サービスの適合、および顧客満足の向上に関連する。
↓	
部門・プロセスの目標は、いずれも達成された。	
↓	↓
目標が達成されているから適合？	上記要求事項に対して不適合

図 5.14　プロセスアプローチ監査における不適合の例（目標設定の問題）

第 5 章　内部監査における効果的な指摘と是正処置

5.4　是正処置の有効性の確認方法

5.2.1 項で述べたように、製造工程や市場で不適合が発生したり、内部監査で不適合が発見された場合は、再発防止策としての是正処置をとることが必要です。そして、とった是正処置が効果があったのかどうかの、有効性の確認を行うことになります。

この有効性の確認は、どのように行えばよいでしょうか。

例えば、ある製品の製造開始から 5 年たって、今まで一度も発生したことのない内容の品質クレームが発生したとします。この場合、"ある是正処置をとって、その後 6 カ月間様子を見た結果、同様の問題は発生なかった。したがって、とった是正処置は有効である"と記載した「是正処置報告書」を見ることがあります。是正処置の有効性の確認の方法はこれでよいでしょうか。

その品質クレームが、例えば毎月数件発生しており、是正処置後にクレームの発生がなくなったのであれば、とった是正処置は有効であったといえるでしょう。しかし、製造開始から 5 年後に初めて、すなわち過去 5 年間で 1 回発生した品質問題が、その後 6 カ月間同様の問題が発生しなかったからといって、とった是正処置が効果的、すなわち有効であったといえるでしょうか。これでは是正処置の有効性の確認になっていません。

是正処置の有効性の確認は、是正処置前後の"変化"を見ることが必要です。是正処置によって、何がどのように変わったのかを確認することです。

このことは、内部監査所見や顧客クレームに対する是正処置だけでなく、教育訓練の有効性の評価にも当てはまります。力量向上のために教育訓練を行い、教育訓練後に試験を行った結果、合格基準の 80 点以上でであったから有効であったと、「教育訓練記録」に記載されているのを見ることがあります。この場合は、例えばある仕事をできなかった作業者に対して訓練を行った結果その仕事ができるようになった、教育訓練前後の試験の結果が 40 点から 80 点に向上した、というように、教育訓練前後の"変化"を確認することが必要です。そのためには、例えば、リスク分析技法としての FMEA（故障モード影響解析）や SPC（統計的工程管理）などの技法を使って、処置前後の変化を見ると効果的です（図 5.16 参照）。

128

5.4 是正処置の有効性の確認方法

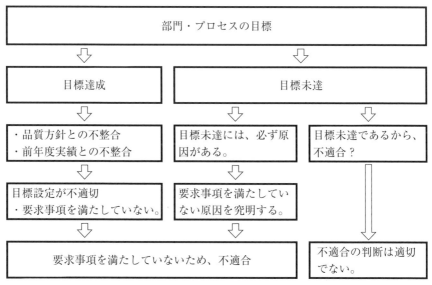

図 5.15　目標未達と不適合

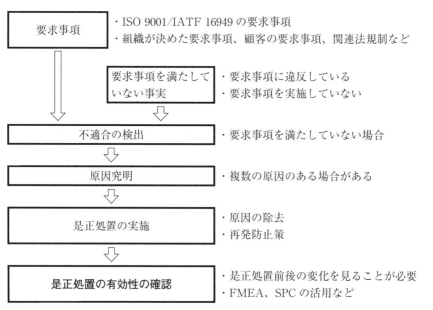

図 5.16　是正処置の有効性の確認方法

129

第5章　内部監査における効果的な指摘と是正処置

5.5　IATF 16949 における監査報告書の記載方法

IATF 16949 の内部監査では、次の事項を考慮するようにします。

① 監査する対象は、人ではなくシステムである。

② 内部監査は、システム（仕組み）の監査であり、人の行動や記録だけを見て判断し、現象のみを指摘することに留まる監査は適切ではない。

③ システム（仕組み）の問題点まで掘り下げて指摘することが重要である。

したがって、効果的な監査報告とするために、「内部監査報告書」を作成する際には、次の事項に留意することが必要です。

① （監査で見つかった個々の問題に限定した）現象報告ではなく、システムの改善点に言及した不適合の記述とする。

② 不適合としてクローズできないものも懸念事項としてもれなく報告し、改善の必要性を検討する機会を与える。

そして、監査所見には、不適合の記述（監査所見）、要求事項（監査基準）、および客観的証拠（監査証拠）の3項目を明記します。

不適合の記述は、客観的証拠と混同されることがよくあります。人の行動や起こっている現象は客観的証拠です。不適合の記述はシステムの問題として表現することが重要です。そのようにしないと、不適合に対する処置にとどまり、組織の問題解決は効果的なものにならない可能性があるからです。

この点に関しては、ISO 9001 の監査と IATF 16949 の監査で、監査所見の記述方法が異なります。IATF 16949 における内部監査所見（不適合）の記載例を図 5.17 に示します。

IATF 16949 で行われている監査所見の記述方法のほうが、発見された不適合を、個別案件としてではなく、システム（仕組み）の問題としてとらえており、より望ましい方法といえます。

なお図 5.17 では、要求事項（監査基準）欄には、ISO 9001/IATF 16949 の規格要求事項以外に、組織で決めた要求事項（品質マニュアルの記載内容）も記載されています。このように要求事項の欄には、規格要求事項だけでなく、組織で決めた具体的な要求事項も記載するとよいでしょう。

130

5.5　IATF 16949 における監査報告書の記載方法

内部監査所見	
不適合の記述 （監査所見）	・測定機器の校正システムが有効に機能していない。
要求事項 （監査基準）	・ISO 9001／IATF 16949 規格箇条 7.1.5.2 では、測定機器は定められた間隔または使用前に校正または検証し、校正状態を識別することを要求している。 ・品質マニュアルでは、測定機器は毎年 3 月に校正すると規定している。
客観的証拠 （監査証拠）	・製造課の No.007 のマイクロメータは、校正期限切れであることが検出された。 ・今年 6 月に実施された内部監査で確認したところ、このマイクロメータに貼られていた校正ラベルの有効期限は、今年 3 月末となっていた。

図 5.17　IATF 16949 における内部監査所見記述の例

第6章

内部監査員の力量と継続的向上

第6章　内部監査員の力量と継続的向上

　本章では、品質マネジメントシステム監査員の力量、およびIATF 16949の
内部監査員の力量について説明します。

　この章の項目は、次のようになります。

　　　　6.1　　　　品質マネジメントシステム監査員の力量

　　　　6.1.1　　　内部監査員に求められる力量

　　　　⑴　　　　監査員に求められる力量

　　　　⑵　　　　監査員に求められる知識・技能

　　　　⑶　　　　監査チームリーダーに求められる知識・技能

　　　　⑷　　　　力量獲得のための教育・訓練および経験

　　　　6.1.2　　　内部監査員の力量の評価と維持・向上

　　　　⑴　　　　内部監査員の力量の評価

　　　　⑵　　　　内部監査員の力量の維持・向上

　　　　6.1.3　　　監査プログラム管理者の力量

　　　　6.2　　　　IATF 16949の内部監査員の力量

　　　　6.2.1　　　IATF 16949の内部監査員に対する要求事項

　　　　6.2.2　　　IATF 16949の内部監査員に求められる力量

6.1 品質マネジメントシステム監査員の力量

6.1.1 内部監査員に求められる力量

（1） 監査員に求められる力量

　マネジメントシステム監査の指針 ISO 19011 規格では、監査員に求められる力量（competence）として、監査員にふさわしい個人の行動と、監査に必要な知識・技能の両方が必要であることを述べています（図 6.1 参照）。

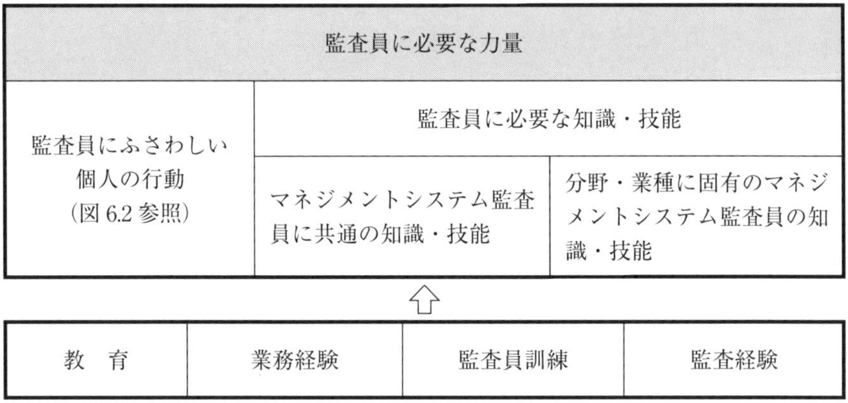

監査員に必要な力量		
監査員にふさわしい 個人の行動 （図 6.2 参照）	監査員に必要な知識・技能	
	マネジメントシステム監査員に共通の知識・技能	分野・業種に固有のマネジメントシステム監査員の知識・技能

⇧

教　育	業務経験	監査員訓練	監査経験

図 6.1　監査員に必要な力量

1. 倫理的である	7. 粘り強い	11. 改善に対して前向きである
2. 心が広い	8. 決断力がある	12. 文化に対して敏感である
3. 外交的である	9. 自立的である	13. 協働的である
4. 観察力がある	10. 不屈の精神をもって行動する	
5. 知覚が鋭い		
6. 適応性がある		

図 6.2　監査員にふさわしい個人の行動

第 6 章　内部監査員の力量と継続的向上

　監査員にふさわしい個人の行動(監査員専門家としての行動)は、監査員とし
ての資質ともいえるもので、図 6.2 に示す 13 項目です。

　監査員は、監査活動に際して、これらの事項を含む専門家としての行動を示
すことが必要です。

原　則	説　明	主な ISO 9001 規格項目	
① 顧客重視	品質マネジメントの主眼は顧客の要求事項を満たすことおよび顧客の期待を超える努力をすることにある。	5.1.2 9.1.2	顧客重視 顧客満足
② リーダーシップ	すべての階層のリーダーは、目的と目指す方向を一致させ、人々が組織の品質目標の達成に積極的に参加している状況を作り出す。	5.1 5.2 9.3	リーダーシップ及びコミットメント 方針 マネジメントレビュー
③ 人々の積極的参加	組織内のすべての階層の、力量があり、権限を与えられ、積極的に参加する人々が、価値を創造し提供する組織の実現能力を強化するために必須である。	7.2 7.3 7.4	力量 認識 コミュニケーション
④ プロセスアプローチ	活動を、首尾一貫したシステムとして機能する相互に関連するプロセスであると理解し、マネジメントすることによって、矛盾のない予測可能な結果が、より効果かつ効率的に達成できる。	4.4 9.1.1 9.2	品質マネジメントシステム及びそのプロセス 監視・測定・分析・評価／一般 内部監査
⑤ 改善	成功する組織は、改善に対して、継続して焦点を当てている。	10	改善
⑥ 客観的事実にもとづく意思決定	データと情報の分析および評価にもとづく意思決定によって、望む結果が得られる可能性が高まる。	9.1.3	分析及び評価
⑦ 関係性管理	持続的成功のために、組織は、例えば提供者のような、密接に関連する利害関係者との関係をマネジメントする。	4.2 8.4	利害関係者のニーズ及び期待の理解 外部から提供されるプロセス、製品及びサービスの管理

図 6.3　品質マネジメントの原則

（2） 監査員に求められる知識・技能

　品質マネジメントシステム監査員に求められる知識・技能には、マネジメントシステム監査員に共通の知識・技能と、品質マネジメントシステム監査員に固有の知識・技能があります（図 6.4 参照）。

① マネジメントシステムに関する共通の知識・技能

　a） 監査の原則（図 3.4、p.61 参照）、手順および技法 … 種々の監査に適切な原則、手順および技法を適用し、一貫性のある体系的な監査を行うため

　b） マネジメントシステムおよび基準文書 … 監査範囲を理解し、監査基準を適用するため

　c） 組織の状況 … 組織の運営状況を理解するため

　d） 適用される法規制およびその他の要求事項 … 監査対象組織に適用される要求事項を認識して監査を行うため

種　類	監査員に求められる 知識・技能	目　的
マネジメントシステムに関する知識・技能	監査の原則、手順および技法（図 3.4 参照）	種々の監査に適切な原則、手順および技法を適用し、一貫性のある体系的な監査を行うため
	マネジメントシステムおよび基準文書	監査範囲を理解し、監査基準を適用するため
	組織の状況	組織の運営状況を理解するため
	適用される法規制およびその他の要求事項	監査対象組織に適用される要求事項を認識して監査を行うため
品質マネジメントシステムに関係する知識・技法	品質用語	品質マネジメントシステムを調査し、適切な監査所見と監査結論を導き出すため
	品質マネジメントの原則とその適用（図 6.3 参照）	

図 6.4　品質マネジメントシステム監査員に求められる知識・技能

第6章　内部監査員の力量と継続的向上

② 品質マネジメントシステムに関係する知識・技法

a) 品質用語(品質、マネジメント、組織、プロセスおよび製品、特性、適合、文書化、監査ならびに測定プロセスに関連する用語)

b) 品質マネジメントの原則とその適用(図 6.3、p.136 参照)

ISO 9001 規格および IATF 16949 規格は、品質マネジメントの原則にもとづいて作成されています。

なお、品質マネジメントの原則と監査の原則は異なります。

(3) 監査チームリーダーに求められる知識・技能

監査チームリーダーは、監査の効率的および効果的な実施を容易にするために、監査チームを管理し、監査チームに対しリーダーシップを発揮するための追加の知識および技能を備えていることが必要です。

監査チームリーダーは、図 6.4 に示した知識および技能を開発するための追加の監査経験を積んでいることが求められています。この追加の経験は、他の監査チームリーダーの指揮および指導のもとでの監査業務によって得られたものです。すなわち、監査チームリーダーに対しては、すでに監査チームリーダーである人の指導のもとでリーダー教育を行うことを述べています。

(4) 力量獲得のための教育・訓練および経験

品質マネジメントシステム監査に関する知識・技能は、教育・業務経験・監査員訓練・監査経験などの結果として得られます(図 6.1、p.135 参照)。

これらの知識・技能の獲得のための、教育・訓練および経験には、次のものがあります。

① 監査員に必要な知識・技能の開発に寄与する業務経験があること

② 監査員訓練を修了していること

③ 監査経験があること

監査員に必要な知識・技能を獲得するために、教育訓練や業務経験だけでなく、監査経験も含まれています。監査経験のない監査員は、例えば研修中の監査員(見習い監査員)として扱うとよいでしょう。

6.1.2 内部監査員の力量の評価と維持・向上

（1） 内部監査員の力量の評価

ISO 19011 規格では、監査員の評価方法として、図 6.5 に示すものがあることを述べています。

評価方法	例
記録のレビュー	教育、訓練，雇用，職業資格および監査経験の記録の解析
フィードバック	調査、質問票、照会状、感謝状、苦情、パフォーマンス評価、相互評価
面　接	個人面接
観　察	ロールプレイ、立会い監査、業務中のパフォーマンス
試　験	口頭および筆記試験、心理試験
監査後のレビュー	監査報告書のレビュー、監査チームリーダー、監査チームとの面接、適切な場合は被監査者からのフィードバック

図 6.5　監査員の評価方法

（2） 内部監査員の力量の維持・向上

ISO 19011 規格では、監査を効果的なものにするためには、監査員の力量を定期的に評価して、力量を継続的に向上させることが必要であると述べています。監査員の評価の時期としては、次の 2 つの段階があります。

① 内部監査員になる前の最初の評価

② 内部監査員のパフォーマンスの継続的評価

上記の①は、内部監査員の新規資格認定のための最初の評価です。そして②は、例えば監査を実施している様子を監視したり、監査の結果を評価することになります。これは、3.3.1 項に述べた監査プログラムのフローの監査員の力量・評価（ISO 19011 規格箇条 7）に相当します、

すなわち内部監査員は、内部監査員教育を行って、一度資格認定すればよいというものではなく、監査員の力量を定期的に評価して、監査員としての力量

第6章 内部監査員の力量と継続的向上

を維持・向上させることが必要です。

監査員は、マネジメントシステムの監査に定期的に参加すること、および専門能力の継続的開発によって、監査の力量を維持することができます。また専門能力の継続的開発は、力量の維持および向上を含みます。これは、追加の業務経験、訓練、個人学習、業務指導ならびに会合、セミナーおよび会議への参加、またはその他関連する諸活動など、いろいろな手段で達成し得ることができます(図6.6参照)。

内部監査員候補者の初回評価では、6.1.1項で述べた監査員にふさわしい行動および監査員に必要な知識・技法について評価します。また、一人前の監査員として資格認定するためには、内部監査リーダーの指導のもとに、内部監査実務の経験も必要でしょう。

内部監査員の継続評価は、監査の途中および監査終了時点で行います。3.1.3項に述べた監査の原則にもとづいた監査の実施状況、監査プロセスの実施状況および監査所見の作成状況などについて評価するとよいでしょう。

監査所見の作成状況の評価方法としては、例えば適合性を判断できる程度(適合性指摘件数)、有効性を判断できる程度(有効性指摘件数)、監査所見内容の適切性、および是正処置内容評価能力などの監査終了後の評価項目が考えられます。内部監査員資格認定時の初回評価の評価表の例を図6.7に、また継続評価表の例を図6.8に示します。

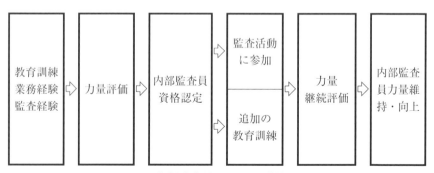

図6.6　内部監査員の力量の維持・向上

6.1 品質マネジメントシステム監査員の力量

内部監査員力量評価表（初回評価）								
内部監査員候補者	○○○○		評価日			20xx 年 xx 月 xx 日		
所属	○○部		評価者			○○○○		
区分	評価項目		レベル				得点	合計
監査員にふさわしい個人の行動	倫理的	1	2	3	④	5		
	心が広い	1	2	3	④	5		
	外交的	1	2	3	④	5		
	観察力	1	2	3	④	5		
	知覚が鋭い	1	2	3	④	5		
	適応性	1	2	3	④	5		
	粘り強い	1	2	3	④	5		
	決断力	1	2	3	④	5		
	自立的	1	2	3	④	5		
	不屈の精神	1	2	3	④	5		
	改善に対して前向き	1	2	3	④	5		30 × 得点
	文化に対して敏感	1	2	3	④	5		/65
	協働的	1	2	3	④	5		= 24
	（小　計）						52	
監査員に必要な知識・技法	ISO 9000 規格の理解	1	2	③	4	5		
	ISO 9001 規格の理解	1	2	③	4	5		
	品質マネジメントシステムの理解	1	2	③	4	5		
	ISO 19011 の理解	1	2	③	4	5		
	プロセスアプローチ監査技法習得	1	②	3	4	5		
	内部監査の経験	1	②	3	4	5		
	組織の品質マネジメントシステムのプロセスの理解	1	2	③	4	5		
	製品の理解	1	2	③	4	5		70 × 得点
	品質・統計的手法の知識	1	2	③	4	5		/45
	（小　計）						25	= 39
合　計								63
特記事項	プロセスアプローチ監査技法の習得が望まれる。							
結　果	合　・　否							
備　考	・レベル：1 悪い　2 やや悪い　3 普通　4 ややよい　5 よい ・合格基準：合計 60 点以上で、かつ評価レベル 1 の項目がないこと。							

図 6.7　内部監査員力量評価表の例（初回評価）

141

第6章　内部監査員の力量と継続的向上

内部監査員力量評価表（継続評価）

監査員	○○○○	対象監査	20xx 年度内部監査	評価日	20xx 年 xx 月 xx 日
所　属	○○部	監査実施日	20xx 年 xx 月 xx 日	評価者	○○○○

区分	評価項目	レベル					得点	合計
監査の原則への適合状況	倫理的行動	1	2	3	④	5		25×得点 /30 = 20
	公正な報告	1	2	3	④	5		
	専門家としての正当な注意	1	2	3	④	5		
	機密保持	1	2	3	④	5		
	独立性	1	2	3	④	5		
	証拠にもとづくアプローチ	1	2	3	④	5		
	（小　計）						24	
監査プロセス実施の程度	監査計画の作成	1	2	3	④	5		25×得点 /35 = 20
	監査チェックリストの作成	1	2	3	④	5		
	監査時間の遵守の程度	1	2	3	④	5		
	質問の仕方	1	2	3	④	5		
	指摘の方法	1	2	3	④	5		
	報告書の書き方	1	2	3	④	5		
	フォローアップの方法	1	2	3	④	5		
	（小　計）						28	
監査所見作成の程度	適合性を判断できる程度（適合性指摘件数）	1	2	3	4	5		50×得点 /20 = 35
	有効性を判断できる程度（有効性指摘件数）	1	2	③	4	5		
	内部監査所見の適切性	1	2	3	④	5		
	是正処置内容評価能力	1	2	③	4	5		
	（小　計）						14	
合　計								75
特記事項	監査所見作成の力量に関して、一層の改善が望まれる。							
結　果	⑳合・ 否							
備　考	・レベル：1 悪い　2 やや悪い　3 普通　4 ややよい　5 よい　　・合格基準：合計 60 点以上で、かつ評価レベル1の項目がないこと。							

図 6.8　内部監査員力量評価表の例（継続評価）

6.1.3 監査プログラム管理者の力量

ISO 19011 規格(箇条5.3.2)では、監査プログラム管理者に必要な力量について、以下に示すように述べています。

－ ISO 19011 規格(箇条5.3.2)の要旨－

ISO 19011 規格箇条 5.3.2
① 監査プログラムの管理者は、監査プログラムおよびそれに付随するリスクを効果的かつ効率的に管理するのに必要な力量、ならびに次の領域における知識および技能を備えていること。
② 監査プログラムの管理者は、さらに、次の領域における知識および技能を備えていること。
　　－監査の原則、手順および方法
　　－マネジメントシステム規格および基準文書
　　－被監査者の活動、製品およびプロセス
　　－被監査者の活動および製品に関し、適用される法的およびその他の要求事項
　　－該当する場合には、被監査者の顧客、供給者およびその他の利害関係者
③ 監査プログラムの管理者は、監査プログラムを管理するのに必要な知識および技能を維持するために適切な専門能力の継続的開発活動に積極的に関わること。

上記のように、ISO 19011 では、内部監査員や内部監査チームリーダーだけでなく、監査プログラムの管理者の力量確保についても述べています。監査プログラムの管理者として必要な力量を明確にするとともに、力量のあることを実証することが必要です。

なお、6.2.1 項で述べますが、IATF 16949 では、内部監査員教育を担当するトレーナーの力量確保についても述べています。ISO 9001 の内部監査員教育を担当するトレーナーの力量確保も必要となるでしょう。

第6章　内部監査員の力量と継続的向上

6.2　IATF 16949 の内部監査員の力量

6.2.1　IATF 16949 の内部監査員に対する要求事項

　IATF 16949 規格(箇条 7.2.3)では、内部監査員の力量に関して、次に示す事項を実施することを求めています。

－ IATF 16949 規格(箇条 7.2.3)の要旨 －

IATF 16949 箇条 7.2.3

① 顧客固有の要求事項を考慮に入れて、内部監査員が力量をもつことを検証する文書化したプロセスをもつ。

② 監査員の力量に関する手引は、ISO 19011(マネジメントシステム監査のための指針)を参照

③ 内部監査員のリストを維持する。

④ 品質マネジメントシステム監査員、製造工程監査員、および製品監査員は、最低限次の力量を実証する。

　a) 監査に対する自動車産業プロセスアプローチの理解(リスクにもとづく考え方を含む)

　b) 顧客固有要求事項の理解

　c) ISO 9001 規格および IATF 16949 規格要求事項の理解

　d) コアツールの理解

　e) 監査の計画・実施・報告、および監査所見の方法の理解

　f) 年間最低回数の監査の実施

　g) 要求事項の知識の維持

　　・内部変化(製造工程技術・製品技術など)

　　・外部変化(ISO 9001、IATF 16949、コアツール、顧客固有要求事項など)

⑤ 製造工程監査員は、監査対象となる該当する製造工程の、工程リスク分析(例えば、PFMEA)およびコントロールプランを含む、専門的理解を実証する。

⑥ 製品監査員は、製品の適合性を検証するために、製品要求事項の理解、および測定・試験設備の使用に関する力量を実証する。

144

⑦　内部監査員の力量獲得のための教育訓練を行う場合は、上記要求事項を備えたトレーナーの力量を実証する文書化した情報を保持する。

内部監査員には、品質マネジメントシステム監査員、製造工程監査員および製品監査員の3種類の力量の実証、力量の維持・向上が求められています。

IATF 16949 では、本書の第4章で述べた、自動車産業プロセスアプローチ内部監査を求めています。また内部監査員の維持の条件として、年間最低回数の監査の実施を求められています。さらに、内部監査員のトレーナーの力量の実証についても求めています。

6.2.2　IATF 16949 の内部監査員に求められる力量

IATF 16949 の内部監査員を資格認定するために必要な力量をまとめると、図 6.9 のようになります。

必要な力量 ／ 内部監査	品質マネジメントシステム監査	製造工程監査	製品監査
① 監査員の行動(監査員の資質)	◎	◎	◎
② 品質マネジメントシステムの理解	◎	○	○
③ IATF 16949 規格要求事項の理解	◎	○	○
④ 顧客固有の要求事項の理解	◎	◎	◎
⑤ 製品・製品規格の知識	○	○	◎
⑥ 製造工程の知識	○	◎	◎
⑦ ソフトウェアの知識	◎	○	○
⑧ 製品の検査・試験方法の知識	○	○	◎
⑨ 特殊特性(製品・工程)の理解	◎	◎	◎
⑩ コアツールの理解(APQP、PPAP)	◎	◎	◎
⑪ コアツールの理解(SPC、FMEA、MSA)	◎	◎	◎
⑫ ISO 19011 にもとづく監査手法の習得	◎	○	○
⑬ プロセスアプローチ式監査手法の習得	◎	○	○
⑭ 内部監査実務の経験	◎	◎	◎

［備考］◎：必要な力量、　○：望ましい力量

図 6.9　IATF 16949 の内部監査員に求められる力量の例

第7章
事例集

第 7 章　事例集

　本章では、プロセスアプローチ監査に利用できる、タートル図の事例および
内部監査規定の事例について説明します。

　この章の項目は、次のようになります。
　　　7.1　　　　タートル図の事例
　　　7.1.1　　　マネジメントプロセスおよび支援プロセスのタートル図
　　　（1）　　　方針展開プロセス
　　　（2）　　　顧客満足プロセス
　　　（3）　　　内部監査プロセス
　　　（4）　　　教育・訓練プロセス
　　　（5）　　　測定機器管理プロセス
　　　7.1.2　　　製造業の運用（製品実現）プロセスのタートル図
　　　（1）　　　製造業の受注プロセス
　　　（2）　　　製造業の製品設計プロセス
　　　（3）　　　製造業の工程設計プロセス
　　　（4）　　　製造業の購買プロセス
　　　（5）　　　製造業の製品検査プロセス
　　　（6）　　　製造業の引渡しプロセス
　　　7.1.3　　　サービス業の運用（製品実現）プロセスのタートル図
　　　（1）　　　商社の仕入プロセス
　　　（2）　　　商社の販売プロセス
　　　（3）　　　レストランの企画プロセス
　　　（4）　　　レストランの接客サービスプロセス
　　　7.1.4　　　建設業の運用（製品実現）プロセスのタートル図
　　　（1）　　　建設業の契約プロセス
　　　（2）　　　建設業の建築設計プロセス
　　　（3）　　　建設業の建築施工プロセス
　　　（4）　　　建設業の購買プロセス
　　　7.2　　　　内部監査規定の事例

7.1 タートル図の事例

7.1.1 マネジメントプロセスおよび支援プロセスのタートル図

マネジメントプロセスでは、方針展開プロセス、顧客満足プロセスおよび内部監査プロセスについて、支援プロセスでは教育・訓練プロセスおよび測定機管理プロセスについて説明します。

(1) 方針展開プロセス

方針展開プロセスは、各プロセスの品質目標と、目標達成のための実行計画を作成し、それらの実施状況を監視・測定し、期末に品質目標の達成度を判定するというフローです。

このプロセスフローをもとに方針展開プロセスのタートル図を作成すると、図7.1のようになります。

```
┌─────────────────────────────┐   ┌─────────────────────────────┐
│ 物的資源（設備・システム・情報）  │   │ 人的資源（要員・力量）           │
│ ・社内イントラネットシステム       │   │ ・社長                          │
│ ・パソコン                     │   │ ・各部長、各部員                 │
│ ・会議室                       │   │ ・方針展開プロセスの知識と目標達成の意識 │
└─────────────────────────────┘   └─────────────────────────────┘

┌──────────────────┐  ┌──────────────────┐  ┌──────────────────┐
│ インプット          │  │ プロセス名称        │  │ アウトプット        │
│ ① 前のプロセスから   │  │ 方針展開プロセス     │  │ ① 次のプロセスへ     │
│ ・前年度全社品質目標達成度 │  │                  │  │ ・目標未達に対する改善処置 │
│ ・前年度各部品質目標達成度 │  │                  │  │ ・経営者の指示事項    │
│ ・前年度各プロセス目標達成度 │  │                  │  │ ・次期品質目標への課題  │
│ -------------------- │  │ プロセスオーナー     │  │ -------------------- │
│ ② このプロセスの要求事項 │  │ 管理責任者         │  │ ② プロセスの成果     │
│ ・全社品質目標       │  │                  │  │ ・各部品質目標達成状況  │
│ ・各部品質目標       │  │                  │  │ ・全社品質目標達成状況  │
│ ・各プロセスの目標    │  │                  │  │ ・各プロセスの目標達成状況 │
└──────────────────┘  └──────────────────┘  └──────────────────┘

┌─────────────────────────────┐   ┌─────────────────────────────┐
│ 運用方法（手順・技法）           │   │ 評価指標（監視・測定項目と目標値）   │
│ ・方針展開規定                 │   │ ・設定品質目標改善度(本年計画/前年実績) │
│ ・方針展開プロセスフロー図       │   │ ・各部品質目標達成度(実績/目標)   │
│ ・方針展開プロセスタートル図      │   │ ・各プロセス目標達成度(実績/目標) │
│ ・品質目標・実行計画レビュー会議(毎月) │   │ ・実行計画実施度(実績/計画)     │
│ ・マネジメントレビュー会議        │   │ ・実行計画改善度(実績/計画)     │
│ ・マネジメントレビュー結果フォロー会議 │   │ ・次期目標への繰り越し件数割合    │
└─────────────────────────────┘   └─────────────────────────────┘
```

図 7.1　タートル図の例：方針展開プロセス

第7章　事例集

（2）　顧客満足プロセス

　顧客満足プロセスは、顧客満足度の現状をもとに顧客満足度の改善目標を設定し、改善のための実行計画を作成し、顧客満足度と実行計画の実施状況を監視・測定し、顧客満足度が目標どおり改善されていない場合、および実行計画が計画どおりに実施されていない場合は、改善施策を実施し、期末に顧客満足度を評価するフローとなります。

　顧客満足度の監視・測定は、いわゆる QCD（品質・価格・納期）項目の評価を含めます。

　このプロセスフローをもとに顧客満足プロセスのタートル図を作成すると、図 7.2 のようになります。

物的資源（設備・システム・情報） ・データ分析用パソコン ・社内イントラネットシステム ・顧客ポータル	人的資源（要員・力量） ・営業部長、営業部員 ・品質保証部長 ・顧客折衝能力

インプット ①　前のプロセスから ・前年度顧客満足度データ ・市場動向 ・製品出荷実績データ ②　このプロセスの要求事項 ・顧客満足度改善目標 ・顧客満足度改善実行計画 ・製品返品目標	プロセス名称 顧客満足プロセス プロセスオーナー 営業部長	アウトプット ①　次のプロセスへ ・顧客アンケート結果 ・同業者ランキング ・顧客訪問回数 ②　プロセスの成果 ・マーケットシェア率 ・顧客満足度改善結果 ・製品返品実績

運用方法（手順・技法） ・顧客満足規定 ・顧客満足プロセスフロー図 ・顧客満足プロセスタートル図 ・顧客アンケート用紙 ・クレーム処理手順 ・顧客クレーム処理様式 ・FMEA、SPC 技法	評価指標（監視・測定項目と目標値） ・顧客アンケート結果対前年改善度 ・顧客満足度改善目標達成度（実績／目標） ・マーケットシェア対前年改善度 ・同業者ランキング対前年改善度 ・顧客クレーム件数対前年改善度 ・顧客返品率対前年改善度 ・顧客保証請求金額対前年改善度

図 7.2　タートル図の例：顧客満足プロセス

（3）　内部監査プロセス

　内部監査プロセスは、内部監査プログラムの作成に始まって、監査の準備（内部監査チーム編成、監査計画作成、監査チェックリスト作成）を経て、監査の実施（初回会議、情報の収集・検証、監査所見作成、監査結論、最終会議、監査報告書作成）、是正処置のフォローアップを行い、監査プログラムの監視・レビューを行い、最後に内部監査員の力量の再評価と、内部監査プロセスの有効性の評価を行うフローとなります。内部監査プロセスでは、監査員のレベルの評価を行うことが重要です。

　このプロセスフローをもとに内部監査プロセスのタートル図を作成すると、図 7.3 のようになります。

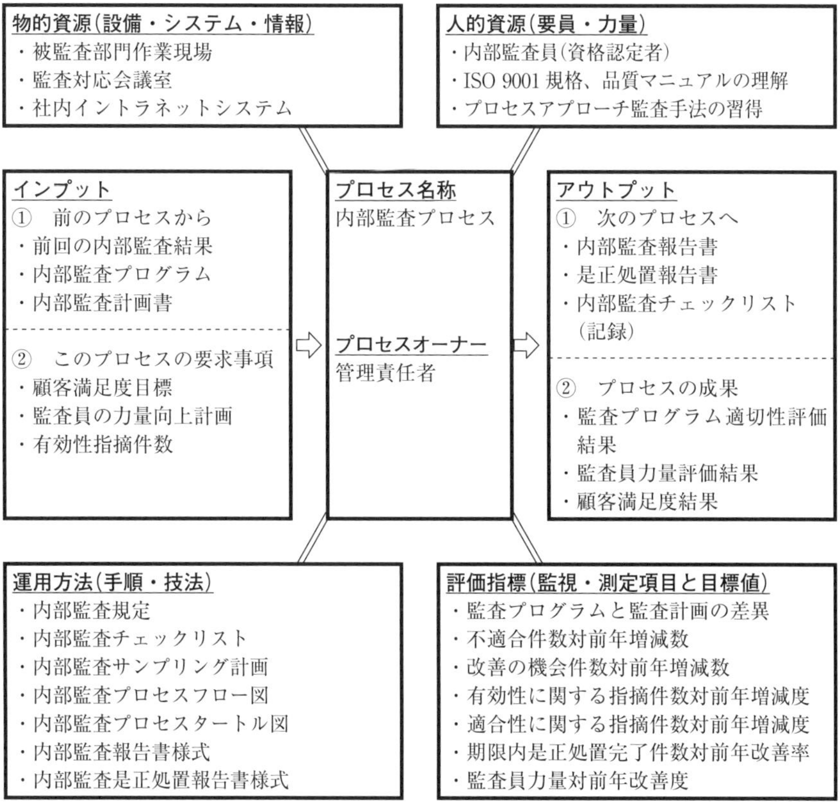

物的資源（設備・システム・情報）
・被監査部門作業現場
・監査対応会議室
・社内イントラネットシステム

人的資源（要員・力量）
・内部監査員（資格認定者）
・ISO 9001 規格、品質マニュアルの理解
・プロセスアプローチ監査手法の習得

インプット
① 　前のプロセスから
・前回の内部監査結果
・内部監査プログラム
・内部監査計画書
- - - - - - - - - - - - - - - - - - -
② 　このプロセスの要求事項
・顧客満足度目標
・監査員の力量向上計画
・有効性指摘件数

プロセス名称
内部監査プロセス

プロセスオーナー
管理責任者

アウトプット
① 　次のプロセスへ
・内部監査報告書
・是正処置報告書
・内部監査チェックリスト
（記録）
- - - - - - - - - - - - - - - - - - -
② 　プロセスの成果
・監査プログラム適切性評価結果
・監査員力量評価結果
・顧客満足度結果

運用方法（手順・技法）
・内部監査規定
・内部監査チェックリスト
・内部監査サンプリング計画
・内部監査プロセスフロー図
・内部監査プロセスタートル図
・内部監査報告書様式
・内部監査是正処置報告書様式

評価指標（監視・測定項目と目標値）
・監査プログラムと監査計画の差異
・不適合件数対前年増減数
・改善の機会件数対前年増減数
・有効性に関する指摘件数対前年増減度
・適合性に関する指摘件数対前年増減度
・期限内是正処置完了件数対前年改善率
・監査員力量対前年改善度

図 7.3　タートル図の例：内部監査プロセス

第7章　事例集

（4）　教育・訓練プロセス

　教育・訓練プロセスは、教育・訓練のもととなる、各部門・各プロセスの要員に必要な力量を明確にし、各要員の現在の力量を評価し、必要な力量を確保するための教育・訓練計画を作成し、それらの教育・訓練を実施し、教育・訓練の実施後、実施した教育・訓練が有効であったかどうかの評価、すなわち必要な力量に達したかどうかの評価を行うというフローになります。

　教育・訓練プロセスの評価項目には、トレーナーの力量を含む、教育・訓練の内容そのものの評価を含めることが必要です。

　このプロセスフローをもとに教育・訓練プロセスのタートル図を作成すると、図7.4のようになります。

<table>
<tr><td colspan="2">物的資源（設備・システム・情報）
・教育訓練教材
・教育訓練および資格認定試験受講費用
・社内イントラネットシステム</td><td colspan="2">人的資源（要員・力量）
・総務部
・教育訓練実施講師の力量
・外部教育レベル</td></tr>
<tr><td>インプット
①　前のプロセスから
・現在の力量表
・現在の資格認定リスト
・教育訓練計画書

②　このプロセスの要求事項
・必要な資格認定リスト
・必要な力量表
・社内講師力量向上計画</td><td colspan="2">プロセス名称
教育・訓練プロセス

プロセスオーナー
総務部長</td><td>アウトプット
①　次のプロセスへ
・教育訓練記録（力量・資格）
・教育訓練の有効性評価記録
・社内教育訓練テキストの有効性評価

②　プロセスの成果
・力量表（見直し版）
・資格認定リスト（見直し版）
・社内講師の力量向上結果</td></tr>
<tr><td colspan="2">運用方法（手順・技法）
・教育訓練規定
・資格認定基準
・教育訓練プロセスフロー図
・教育訓練プロセスタートル図
・力量マップ
・ISO 9001 規格、IATF 16949 規格
・FMEA、SPC 技法</td><td colspan="2">評価指標（監視・測定項目と目標値）
・教育訓練計画の実施率（実績／計画）
・教育訓練有効性評価（力量向上件数）
・資格認定試験の合格率対計画達成度
・社内講師の力量評価対前年改善率
・外部セミナー受講費用対計画達成度
・外部セミナー修了試験合格率
・社内教育訓練費用</td></tr>
</table>

図7.4　タートル図の例：教育・訓練プロセス

（5） 測定機器管理プロセス

　測定機器管理プロセスは、製品検査プロセスと関連して、検査・試験に用いる各種測定機器の点検、校正および調整などを行います。また、コントロールプランで規定された測定システムに対して、測定システム解析（MSA）を実施します。

　また、外観検査のレベルアップのために、IATF 16949 の MSA 参照マニュアルに記載されているクロスタブ法を用いて、外観検査の MSA を実施します。そして、外部委託している測定機の校正管理も行います。

　このプロセスフローをもとに測定器管理プロセスのタートル図を作成すると、図 7.5 のようになります。

物的資源（設備・システム・情報）
・測定機器
・内部試験所
・外部試験所（アウトソース）

人的資源（要員・力量）
・製品測定技能
・測定器校正技能
・MSA（測定システム解析）の知識

インプット
① 前のプロセスから
・測定器定期校正計画
・測定器定期点検計画
・MSA 実施計画

② このプロセスの要求事項
・MSA %GRR ≦ 10%
・外観検査員 MSA 実施計画
・測定校正外れゼロ

プロセス名称
測定機器管理プロセス

プロセスオーナー
品質保証部長

アウトプット
① 次のプロセスへ
・測定器校正記録（社内）
・測定器校正記録（社外）
・測定器校正外れの記録

② プロセスの成果
・MSA（%GRR）実施結果
・外観検査員 MSA 実施結果
・測定校正外れ件数

運用方法（手順・技法）
・コントロールプラン
・測定機器管理規定
・検査基準書
・試験所管理規定
・MSA 参照マニュアル
・ISO/TS 16949 要求事項
・顧客固有の要求事項

評価指標（監視・測定項目と目標値）
・プロセスの各アウトプットの達成度
・測定器校正外れ発生件数
・MSA 評価結果不合格件数
・校正技術者多能工化率
・測定技能者多能工化率
・測定器社内校正率
・測定機器稼働率

図 7.5　タートル図の例：測定機器管理プロセス

第7章　事例集

7.1.2　製造業の運用（製品実現）プロセスのタートル図

　製造業の運用（製品実現）プロセスとして、受注プロセス、製品設計プロセス、工程設計プロセス、購買プロセス、製品検査プロセスおよび引き渡しプロセスの例について説明します。製造プロセスについては、図 2.17（p.38）を参照ください。

（1）　製造業の受注プロセス

　受注プロセスでは、顧客の引合いを受けて、製品要求事項を明確化し、能力のレビューを行い、見積りを顧客に提出します。顧客の期待（暗黙の要求）を考慮することが必要です。見積り提案が顧客に受諾された場合は、注文を受理し、受注管理システムに入力というフローになります。

　このプロセスフローをもとに受注プロセスのタートル図を作成すると、図 7.6 のようになります。

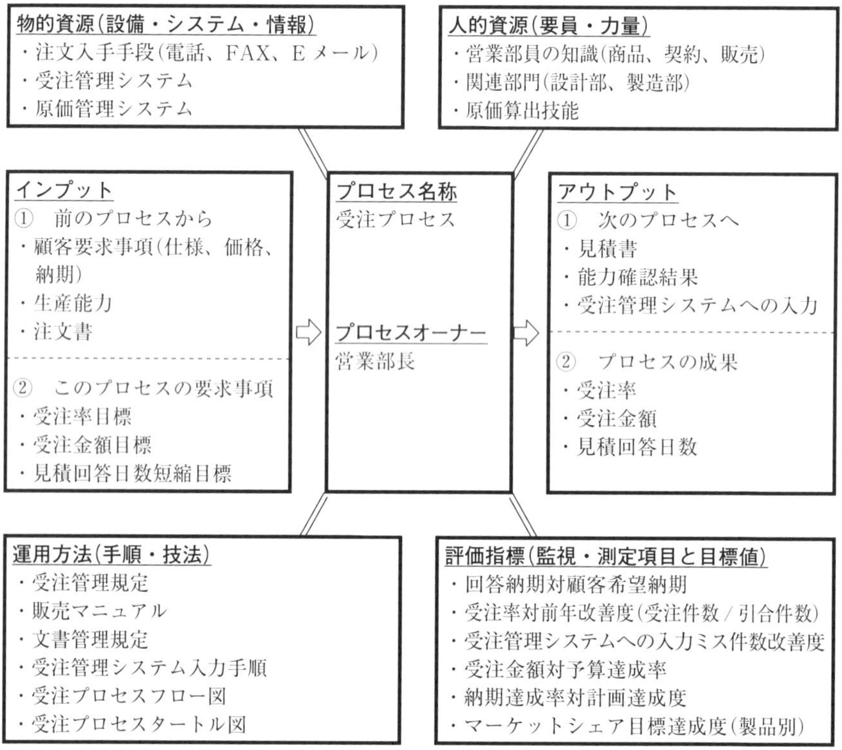

物的資源（設備・システム・情報）
・注文入手手段（電話、FAX、E メール）
・受注管理システム
・原価管理システム

人的資源（要員・力量）
・営業部員の知識（商品、契約、販売）
・関連部門（設計部、製造部）
・原価算出技能

インプット
① 前のプロセスから
・顧客要求事項（仕様、価格、納期）
・生産能力
・注文書

② このプロセスの要求事項
・受注率目標
・受注金額目標
・見積回答日数短縮目標

プロセス名称
受注プロセス

プロセスオーナー
営業部長

アウトプット
① 次のプロセスへ
・見積書
・能力確認結果
・受注管理システムへの入力

② プロセスの成果
・受注率
・受注金額
・見積回答日数

運用方法（手順・技法）
・受注管理規定
・販売マニュアル
・文書管理規定
・受注管理システム入力手順
・受注プロセスフロー図
・受注プロセスタートル図

評価指標（監視・測定項目と目標値）
・回答納期対顧客希望納期
・受注率対前年改善度（受注件数 / 引合件数）
・受注管理システムへの入力ミス件数改善度
・受注金額対予算達成率
・納期達成率対計画達成度
・マーケットシェア目標達成度（製品別）

図 7.6　タートル図の例：製造業の受注プロセス

（2） 製造業の製品設計プロセス

　製品設計プロセスは、受注プロセスからの顧客要求事項などの情報をもとに製品設計計画書を作成し、製品設計を実施し、関係部門の参加を得て製品設計のレビューを行い、設計の検証を行い、試作品を製作して、設計の妥当性確認試験を行うというフローになります。

　製品設計プロセスの有効性の評価指標としては、製品の品質、生産性および製造コストなど、製品設計プロセス以降のプロセスでわかる評価指標も含めるとよいでしょう。

　このプロセスフローをもとに製品設計プロセスのタートル図を作成すると、図 7.7 のようになります。

```
┌─────────────────────────┐  ┌─────────────────────────┐
│物的資源（設備・システム・情報）    │  │人的資源（要員・力量）            │
│・CAD・CAE ツール            │  │・製品設計責任者、製品設計チーム    │
│・試作品製作設備              │  │・CAD・シミュレーション技法       │
│・試作品検査・試験器          │  │・品質技法(FMEA、実験計画法、SPC) │
└─────────────────────────┘  └─────────────────────────┘

┌──────────────┐  ┌──────────────┐  ┌──────────────┐
│インプット        │  │プロセス名称      │  │アウトプット      │
│① 前のプロセスから │  │製品設計プロセス  │  │① 次のプロセスへ  │
│・顧客要求事項    │  │                │  │・製品図面       │
│・製品設計計画書  │  │                │  │・設計仕様書     │
│・信頼性目標      │  │                │  │・製造仕様書     │
│                │  │プロセスオーナー  │  │                │
│② このプロセスの要求事項│設計部長      │  │② プロセスの成果 │
│・設計計画期限達成率目標│            │  │・設計計画期限達成率│
│・製造コスト見込  │  │                │  │・製造コスト結果   │
│・VA・VE 提案金額目標│ │                │  │・VA・VE 提案金額 │
└──────────────┘  └──────────────┘  └──────────────┘

┌──────────────┐  ┌──────────────────────────┐
│運用方法（手順・技法）│ │評価指標（監視・測定項目と目標値）     │
│・製品設計管理規定  │  │・設計計画期限達成率             │
│・デザインレビュー規定│ │・初回設計成功率、試作回数対計画達成度  │
│・試作品製作要領   │  │・設計レビュー回数対計画達成度       │
│・試作品評価要領   │  │・設計コスト対計画達成度          │
│・製品設計プロセスフロー図│・VA・VE 提案件数・金額対計画達成度 │
│・製品設計プロセスタートル図│・製造コスト見込対計画達成度      │
│・FMEA、SPC 技法  │  │・製造リードタイム見込み対計画達成度  │
└──────────────┘  └──────────────────────────┘
```

図 7.7　タートル図の例：製造業の製品設計プロセス

第7章　事例集

（3）　製造業の工程設計プロセス

工程設計プロセスは、製品設計プロセスからの情報をもとに、工程設計計画書を作成し、工程設計を実施し、工程設計のレビュー、検証、試作、妥当性確認試験を行って、製造仕様書、QC 工程図などを作成し、最後に工程設計プロセスの有効性を評価するというフローとなります。

工程設計プロセスの有効性の評価指標としては、生産性、製造コスト、工程能力指数など、以降のプロセスでわかる評価指標も含めるとよいでしょう。

このプロセスフローをもとに工程設計プロセスのタートル図を作成すると、図 7.8 のようになります。工程設計は、ISO 9001 では必ずしも要求事項ではありませんが、設計・開発の対象とすることが望ましいでしょう。

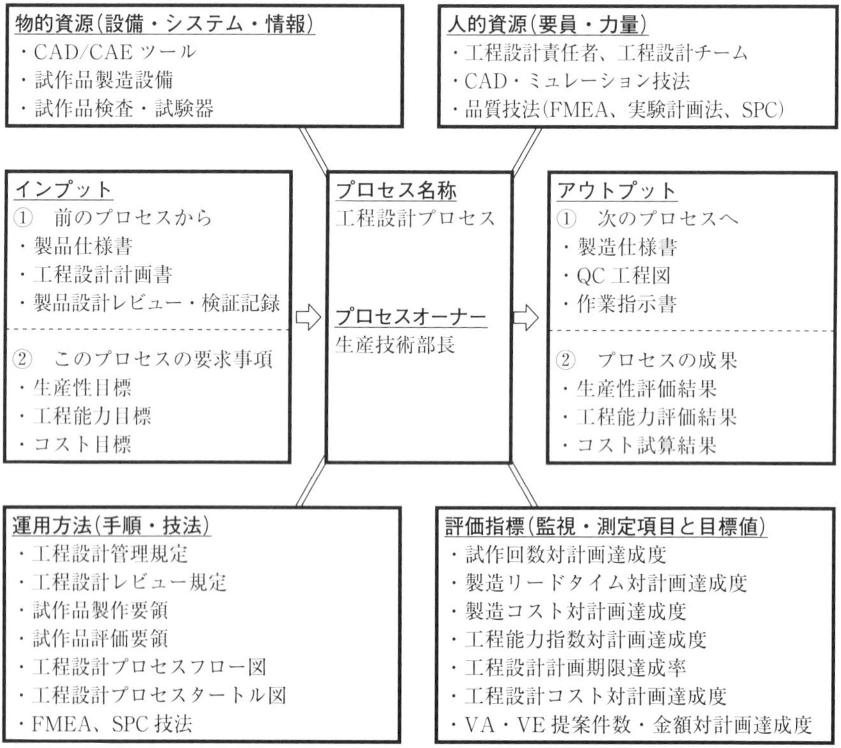

物的資源(設備・システム・情報)
・CAD／CAE ツール
・試作品製造設備
・試作品検査・試験器

人的資源(要員・力量)
・工程設計責任者、工程設計チーム
・CAD・ミュレーション技法
・品質技法(FMEA、実験計画法、SPC)

インプット
① 前のプロセスから
・製品仕様書
・工程設計計画書
・製品設計レビュー・検証記録

② このプロセスの要求事項
・生産性目標
・工程能力目標
・コスト目標

プロセス名称
工程設計プロセス

プロセスオーナー
生産技術部長

アウトプット
① 次のプロセスへ
・製造仕様書
・QC 工程図
・作業指示書

② プロセスの成果
・生産性評価結果
・工程能力評価結果
・コスト試算結果

運用方法(手順・技法)
・工程設計管理規定
・工程設計レビュー規定
・試作品製作要領
・試作品評価要領
・工程設計プロセスフロー図
・工程設計プロセスタートル図
・FMEA、SPC 技法

評価指標(監視・測定項目と目標値)
・試作回数対計画達成度
・製造リードタイム対計画達成度
・製造コスト対計画達成度
・工程能力指数対計画達成度
・工程設計計画期限達成率
・工程設計コスト対計画達成度
・VA・VE 提案件数・金額対計画達成度

図 7.8　タートル図の例：製造業の工程設計プロセス

（4） 製造業の購買プロセス

購買プロセスは、新規供給者の評価・選定を行って購買リストに加え、購買製品を発注し、購買製品の検収・受入検査を行います。そして、供給者の納入実績（品質・価格・納期・サービス）のパフォーマンスを監視し、必要な場合は、供給者に対する監査を行い、これらのデータをもとに供給者の継続評価を行う、というフローになります。

購買プロセスの有効性の評価指標としては、購買製品の QCD 項目の評価のほか、供給者の監査結果なども含めるとよいでしょう。

このプロセスフローをもとに購買プロセスのタートル図を作成すると、図7.9 のようになります。

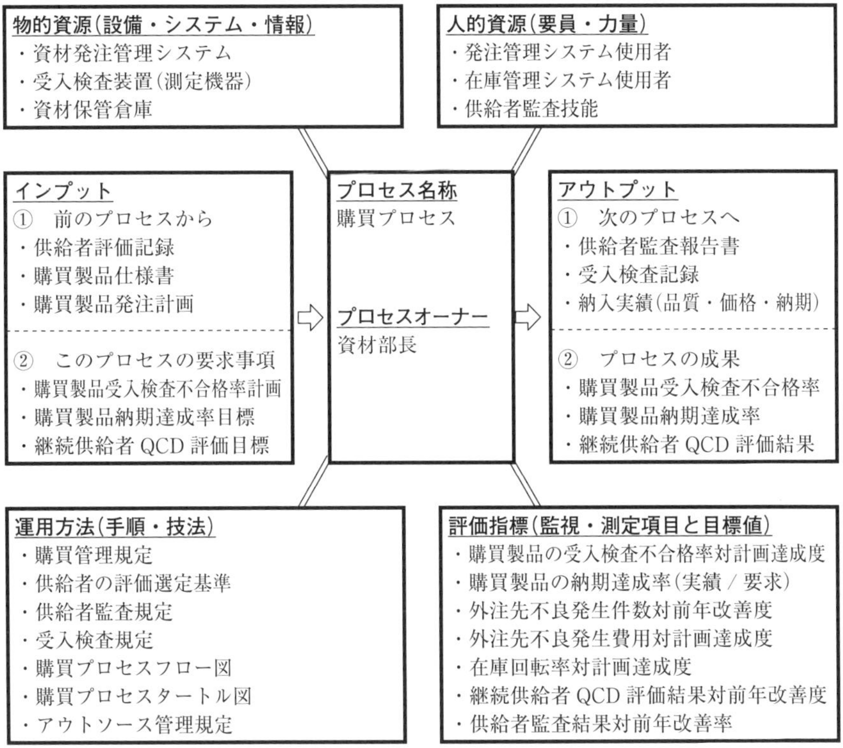

物的資源（設備・システム・情報）
・資材発注管理システム
・受入検査装置（測定機器）
・資材保管倉庫

人的資源（要員・力量）
・発注管理システム使用者
・在庫管理システム使用者
・供給者監査技能

インプット
① 前のプロセスから
・供給者評価記録
・購買製品仕様書
・購買製品発注計画

② このプロセスの要求事項
・購買製品受入検査不合格率計画
・購買製品納期達成率目標
・継続供給者 QCD 評価目標

プロセス名称
購買プロセス

プロセスオーナー
資材部長

アウトプット
① 次のプロセスへ
・供給者監査報告書
・受入検査記録
・納入実績（品質・価格・納期）

② プロセスの成果
・購買製品受入検査不合格率
・購買製品納期達成率
・継続供給者 QCD 評価結果

運用方法（手順・技法）
・購買管理規定
・供給者の評価選定基準
・供給者監査規定
・受入検査規定
・購買プロセスフロー図
・購買プロセスタートル図
・アウトソース管理規定

評価指標（監視・測定項目と目標値）
・購買製品の受入検査不合格率対計画達成度
・購買製品の納期達成率（実績／要求）
・外注先不良発生件数対前年改善度
・外注先不良発生費用対計画達成度
・在庫回転率対計画達成度
・継続供給者 QCD 評価結果対前年改善度
・供給者監査結果対前年改善率

図 7.9　タートル図の例：製造業の購買プロセス

第 7 章　事例集

（5）　製造業の製品検査プロセス

　製品検査プロセスは、製造プロセスと関連して、入荷した部品・材料の受入検査、部品加工後の工程内検査、および製品組立後の最終検査を行います。

　なお、検査不良率や工程能力指数などの評価指標は、検査プロセスで監視・測定できる項目ですが、その対象はむしろ製造プロセスであるため、製造プロセスにフィードバックします。アウトソースしている検査・測定についても管理が必要です。

　このプロセスフローをもとに製品検査プロセスのタートル図を作成すると、図 7.10 のようになります。

```
┌─────────────────────────┐   ┌─────────────────────────┐
│物的資源（設備・システム・情報）│   │人的資源（要員・力量）          │
│・測定機器                  │   │・資格認定検査員              │
│・内部試験所                │   │・要員の力量－監視機器・測定機器の使用者│
│・外部試験所（アウトソース）   │   │　－ SPC 技法（工程能力、管理図）│
└─────────────────────────┘   └─────────────────────────┘

┌──────────────────┐  ┌──────────────┐  ┌──────────────────┐
│インプット           │  │プロセス名称      │  │アウトプット         │
│① 　前のプロセスから  │  │製品検査プロセス   │  │① 　次のプロセスへ    │
│・製品              │  │                │  │・完成品            │
│・製品図面、製品仕様書 │  │                │  │・検査記録           │
│・加工図面、組立図面   │  │プロセスオーナー   │  │・測定器点検記録      │
│‥‥‥‥‥‥‥‥‥‥‥ ⇨│  │品質保証部長      │ ⇨ │‥‥‥‥‥‥‥‥‥‥‥│
│② 　このプロセスの要求事項│ │                │  │② 　プロセスの成果    │
│・検査不合格率目標    │  │                │  │・検査不合格率        │
│・測定器稼働率目標    │  │                │  │・測定器稼働率        │
│・製品特性の工程能力指数目標│ │                │  │・製品特性工程能力指数 │
└──────────────────┘  └──────────────┘  └──────────────────┘

┌─────────────────────┐   ┌─────────────────────────┐
│運用方法（手順・技法）      │   │評価指標（監視・測定項目と目標値）│
│・サンプリング計画        │   │・プロセスの各アウトプットの達成度│
│・コントロールプラン       │   │・受入検査不合格率            │
│・監視機器・測定機器管理規定 │   │・工程内検査不良率            │
│・検査基準書           │   │・最終検査不良率              │
│・試験所管理手順         │   │・特別採用件数               │
│・識別・取扱い・包装・保管・保護規定│ │・製品特性の工程能力指数     │
│・製品検査プロセスタートル図 │   │・外観不良クレーム件数        │
└─────────────────────┘   └─────────────────────────┘
```

図 7.10　タートル図の例：製造業の製品検査プロセス

（6） 製造業の引渡しプロセス

製品の引渡しプロセスでは、製造プロセスの結果完成した製品を包装し、出荷指示に従って梱包して出荷します。出荷管理は、バーコードを採用した出荷管理システムを採用しています。また、輸送業者の管理も行っています。

このプロセスフローをもとに製造プロセスのタートル図を作成すると、図7.11のようになります。

IATF 16949規格では、特別輸送費の監視が要求されています。特別輸送費を監視する目的は、単に特別輸送費を低減させようというのではなく、なぜ特別便を使用する必要があったのかを調査して、工程改善につなげることです。

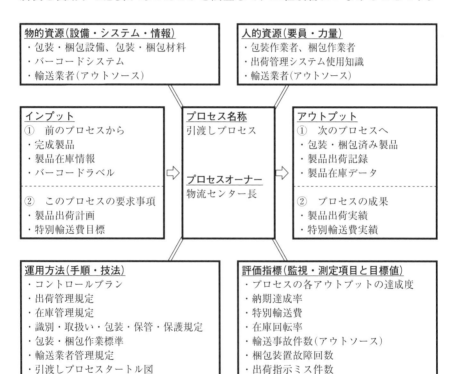

図7.11　タートル図の例：製造業の引渡しプロセス

第7章　事例集

7.1.3　サービス業の運用（製品実現）プロセスのタートル図

　サービス業の運用（製品実現）プロセスとして、商社の仕入プロセスと販売プロセス、レストランの企画プロセスと接客サービスプロセスについて説明します。

（1）　商社の仕入プロセス

　仕入プロセスは、受注プロセスからの受注情報をもとに、商品を発注し、入荷商品の受入検収を行います。すぐに出荷する場合は販売プロセスにつながり、すぐに出荷しない場合は、在庫として倉庫に保管します。そして、仕入先からの請求に応じて支払いを行うというフローになります。

　このプロセスフローをもとに仕入プロセスのタートル図を作成すると、図7.12のようになります。

```
┌─────────────────────────┐        ┌─────────────────────────┐
│ 物的資源（設備・システム・情報）  │        │ 人的資源（要員・力量）          │
│ ・商品在庫管理システム          │        │ ・商品在庫管理システム取り扱い技能 │
│ ・経理システム                │        │ ・経理システム取り扱い技能      │
│ ・受入検査装置                │        │ ・受入検査装置取り扱い技能      │
└─────────────────────────┘        └─────────────────────────┘

┌─────────────────────┐ ┌───────────────┐ ┌─────────────────────┐
│ インプット            │ │ プロセス名称      │ │ アウトプット           │
│ ①　前のプロセスから     │ │ 仕入プロセス      │ │ ①　次のプロセスへ       │
│ ・商品別翌月受注予測数    │ │                │ │ ・検収記録、受入検査記録   │
│ ・製品別在庫数         │ │                │ │ ・不適合製品返品記録      │
│ ・商品別購入計画        │ │                │ │ ・仕入製品              │
│                     │ │ プロセスオーナー    │ │                       │
│ ②　このプロセスの要求事項 │ │ 商品部長         │ │ ②　プロセスの成果        │
│ ・仕入先評価対前年改善目標 │ │                │ │ ・仕入先評価結果         │
│ ・仕入コスト対計画達成目標 │ │                │ │ ・仕入コスト対計画達成     │
│ ・受入検査不適合件数目標   │ │                │ │ ・受入検査不適合件数       │
└─────────────────────┘ └───────────────┘ └─────────────────────┘

┌─────────────────────────┐        ┌─────────────────────────┐
│ 運用方法（手順・技法）          │        │ 評価指標（監視・測定項目と目標値）  │
│ ・受注管理規定、仕入管理規定      │        │ ・仕入れ納期対計画達成率        │
│ ・商品在庫管理システム取り扱い要領  │        │ ・在庫回転率対計画達成率        │
│ ・経理システム取り扱い要領       │        │ ・受入検査不適合件数対計画達成率   │
│ ・受入検査規定                │        │ ・データベース登録ミス対前年改善率  │
│ ・仕入プロセスフロー図          │        │ ・仕入先評価結果対前年改善率      │
│ ・仕入プロセスタートル図         │        │ ・仕入コスト対計画達成度        │
└─────────────────────────┘        └─────────────────────────┘
```

図 7.12　タートル図の例：商社の仕入プロセス

160

（2）　商社の販売プロセス

　商社の販売プロセスは、販売計画ならびに受注プロセスおよび仕入プロセスの情報をもとに商品の出荷準備を行い、ピッキングと梱包を行って、商品を出荷します。出荷後は、顧客に請求書を発行し、代金を回収します。そして最後に、販売プロセスの有効性を評価するというフローになります。

　このプロセスフローをもとに販売プロセスのタートル図を作成すると、図7.13のようになります。

　なお、製造業で、ISO 9001認証の範囲に"販売"が記載されているケースがありますが、その場合は、販売プロセスが定義され、販売プロセスとして管理されていることが必要でしょう。

物的資源（設備・システム・情報） ・製品データベース ・バーコードラベル作成装置 ・ピッキング・梱包装置		人的資源（要員・力量） ・製品データベース取り扱い技能 ・バーコードラベル装置取り扱い技能 ・ピッキング・梱包装置取り扱い技能
インプット ① 前のプロセスから ・出荷指示書（受注プロセスから） ・在庫情報 ・ピッキング・梱包指示書 ② このプロセスの要求事項 ・販売金額予算 ・顧客納期達成計画 ・輸送トラブル件数改善目標	**プロセス名称** 販売プロセス **プロセスオーナー** 商品部長	**アウトプット** ① 次のプロセスへ ・出荷伝票 ・輸送業者評価記録 ・顧客の支払状況評価記録 ② プロセスの成果 ・販売金額 ・顧客納期達成度 ・輸送トラブル件数
運用方法（手順・技法） ・販売管理規定 ・ピッキング・梱包要領 ・販売プロセスフロー図 ・販売プロセスタートル図 ・代金回収システム ・販売管理システム ・在庫管理システム		**評価指標（監視・測定項目と目標値）** ・販売金額対予算達成度 ・顧客納期対計画達成率 ・データベース出荷実績入力ミス対前年改善度 ・輸送トラブル件数対前年度改善 ・入金遅延件数対計画達成率 ・納期厳守率対計画達成度 ・出荷リードタイム対計画達成度

図 7.13　タートル図の例：商社の販売プロセス

第7章　事例集

（3）　レストランの企画プロセス

　レストランの企画プロセスは、顧客アンケート情報、他社状況などの市場情報をもとに、レストランの新メニューを企画し、企画のレビューを行って企画案を固めます。次に、食材サンプルを入手し、新メニューを試作し、試作品を試食（検証）して評価します。そして、サービスマニュアルを作成し、企画の妥当性を確認する、というフローになります。

　このプロセスフローをもとにレストランの企画プロセスのタートル図を作成すると、図7.14のようになります。

　なお、レストランにおける新メニューの開発のように、新しいサービスの内容を検討することがサービス業における設計・開発である、と考えるとよいでしょう。

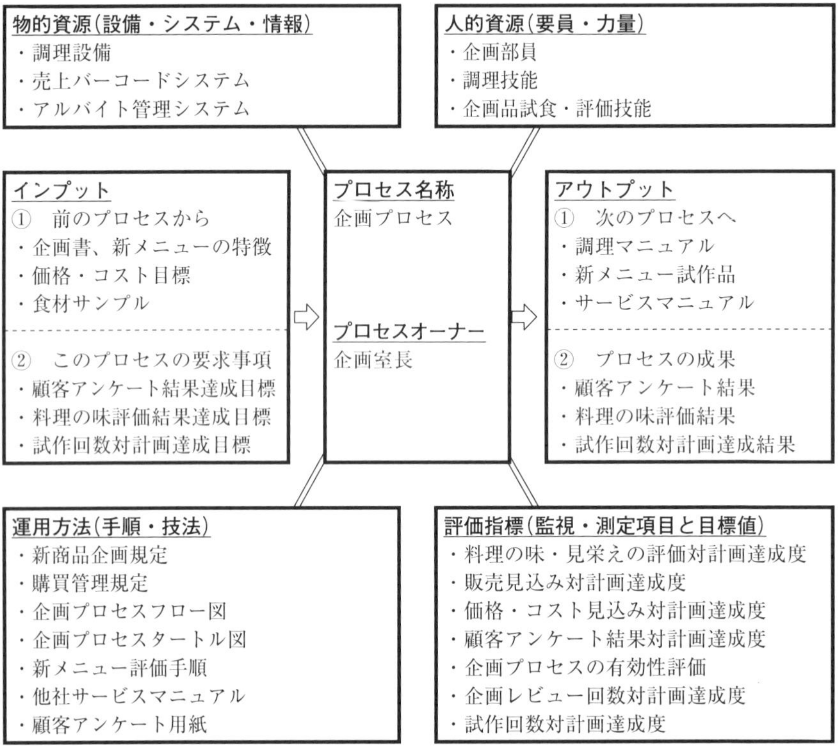

物的資源（設備・システム・情報）
・調理設備
・売上バーコードシステム
・アルバイト管理システム

人的資源（要員・力量）
・企画部員
・調理技能
・企画品試食・評価技能

インプット
① 前のプロセスから
・企画書、新メニューの特徴
・価格・コスト目標
・食材サンプル
-----
② このプロセスの要求事項
・顧客アンケート結果達成目標
・料理の味評価結果達成目標
・試作回数対計画達成目標

プロセス名称
企画プロセス

プロセスオーナー
企画室長

アウトプット
① 次のプロセスへ
・調理マニュアル
・新メニュー試作品
・サービスマニュアル
-----
② プロセスの成果
・顧客アンケート結果
・料理の味評価結果
・試作回数対計画達成結果

運用方法（手順・技法）
・新商品企画規定
・購買管理規定
・企画プロセスフロー図
・企画プロセスタートル図
・新メニュー評価手順
・他社サービスマニュアル
・顧客アンケート用紙

評価指標（監視・測定項目と目標値）
・料理の味・見栄えの評価対計画達成度
・販売見込み対計画達成度
・価格・コスト見込み対計画達成度
・顧客アンケート結果対計画達成度
・企画プロセスの有効性評価
・企画レビュー回数対計画達成度
・試作回数対計画達成度

図7.14　タートル図の例：レストランの企画プロセス

（4） レストランの接客サービスプロセス

　レストランの接客サービスプロセスは、顧客の希望を聞いてテーブルに案内し、注文を聞き、注文内容を調理係に連絡します。調理プロセスで調理が行われた後、テーブルに配膳します。顧客の食事が終わった後、レジでの精算を行い、テーブルの片づけと清掃を行います。そして最後に、接客プロセスの有効性を評価するというフローになります。

　このプロセスフローをもとに接客プロセスのタートル図を作成すると、図7.15 のようになります。

　このように、「接客サービス＝プロセス＝製品」となるのがサービス業の特徴です。

```
┌─────────────────────────┐        ┌─────────────────────────┐
│物的資源(設備・システム・情報)│        │人的資源(要員・力量)        │
│・精算機(レジ)              │        │・接客係                   │
│・食卓テーブル              │        │・サービスマニュアルの習得   │
│・売場照明、エアコン         │        │・POS 操作技能             │
└─────────────────────────┘        └─────────────────────────┘

┌─────────────────────┐  ┌──────────────┐  ┌─────────────────────────┐
│インプット            │  │プロセス名称    │  │アウトプット               │
│① 前のプロセスから    │  │接客サービスプロ │  │① 次のプロセスへ          │
│・メニュー            │  │セス           │  │・注文伝票                 │
│・顧客の注文(口頭)     │  │               │  │・レジ機入力処理           │
│・アンケート用紙       │  │               │  │・アンケート結果(顧客満足度)│
│- - - - - - - - - - - │  │プロセスオーナー │  │- - - - - - - - - - - - - │
│② このプロセスの要求事項│  │接客マネジャー  │  │② プロセスの成果          │
│・顧客の待ち時間改善計画 │  │               │  │・顧客の待ち時間改善結果   │
│・注文内容伝達ミス改善計画│  │               │  │・注文内容伝達ミス改善結果 │
│・顧客満足度改善計画    │  │               │  │・顧客満足度改善結果       │
└─────────────────────┘  └──────────────┘  └─────────────────────────┘

┌─────────────────────┐        ┌─────────────────────────────┐
│運用方法(手順・技法)    │        │評価指標(監視・測定項目と目標値) │
│・接客サービスマニュアル │        │・顧客の待ち時間対前年改善度    │
│・接客サービスプロセスフロー図│    │・注文内容確認ミス対前年改善度  │
│・接客サービスプロセスタートル図│  │・注文内容伝達ミス対前年改善度  │
│・顧客アンケート用紙    │        │・釣り銭ミス対前年改善度       │
│・POS 操作マニュアル    │        │・レジ機入力ミス対前年改善度   │
│・店内清掃マニュアル    │        │・顧客アンケート結果対計画達成度│
│・顧客クレーム対応マニュアル│     │・顧客満足度対前年改善度       │
└─────────────────────┘        └─────────────────────────────┘
```

図 7.15　タートル図の例：レストランの接客サービスプロセス

7.1.4 建設業の運用（製品実現）プロセスのタートル図

建設業の運用（製品実現）プロセスとして、住宅建築会社の契約プロセス、建築設計プロセス、建築施工プロセスおよび購買プロセスの例について説明します。

(1) 建設業の契約プロセス

契約プロセスは、顧客の要望をヒアリングし、基本プランや企画提案書を作成して顧客に提案し、基本設計と仕様打合せを行って、契約締結に結びつけるというフローになります。このように、契約プロセスの中に設計プロセスの一部が含まれているのは、この業界の特徴です。

このフローをもとに契約プロセスのタートル図を作成すると、図7.16のようになります。

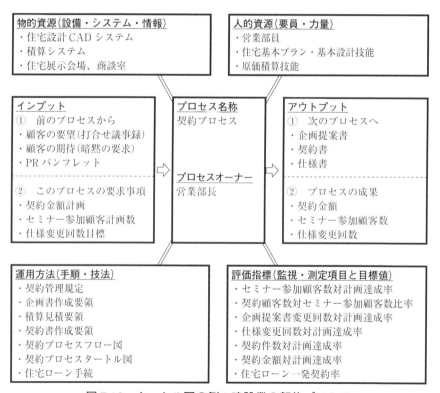

図7.16　タートル図の例：建設業の契約プロセス

（2）　建設業の建築設計プロセス

　建築設計プロセスは、顧客の要望をもとに、住宅の基本プランを作成して、顧客の了承を得て、設計計画書を作成し、企画書提案を作成して顧客に提案し、顧客の了承を得ます。基本設計が終わったところで基本設計を行い、デザインレビューを実施し、顧客の承認を得て、契約を締結し、詳細設計（構造設計、設備設計）を実施して、設計検証を行います。

　そして、建築完成後の関係機関の完成検査と、設計の妥当性確認を行う、というフローになります。

　このフローをもとに建築設計プロセスのタートル図を作成すると、図7.17のようになります。

```
┌─────────────────────────┐      ┌─────────────────────────┐
│ 物的資源(設備・システム・情報)  │      │ 人的資源(要員・力量)         │
│ ・住宅設計 CAD システム        │      │ ・設計責任者               │
│ ・積算システム                │      │ ・建築士                 │
│ ・敷地                      │      │ ・関連法規制の知識          │
└─────────────────────────┘      └─────────────────────────┘

┌──────────────────────┐  ┌──────────────┐  ┌──────────────────────┐
│ インプット             │  │ プロセス名称    │  │ アウトプット           │
│ ①　前のプロセスから     │  │ 建築設計プロセス  │  │ ①　次のプロセスへ       │
│ ・顧客要望ヒアリング記録  │  │               │  │ ・基本プラン、企画提案書   │
│ 　(間取り、仕様、予算、ス  │  │               │  │ ・契約書、仕様書        │
│ 　ケジュール)          │  │               │  │ ・詳細設計図           │
│ ・設計計画書           │  │               │  │ - - - - - - - - - - -  │
│ - - - - - - - - - - -  │  │ プロセスオーナー  │  │ ②　プロセスの成果       │
│ ②　このプロセスの要求事項 │  │ 設計室長       │  │ ・契約率             │
│ ・契約率計画           │  │               │  │ ・詳細設計見直し回数     │
│ ・詳細設計見直し回数計画  │  │               │  │ ・完成検査一発合格率     │
│ ・完成検査一発合格率目標  │  │               │  │                      │
└──────────────────────┘  └──────────────┘  └──────────────────────┘

┌──────────────────────┐      ┌──────────────────────────────┐
│ 運用方法(手順・技法)     │      │ 評価指標(監視・測定項目と目標値)      │
│ ・設計管理規定          │      │ ・基本プラン顧客承認率対計画達成度     │
│ ・契約管理規定          │      │ ・企画提案書顧客承認率対計画達成度     │
│ ・建築設計プロセスフロー図 │      │ ・基本設計見直し回数対計画達成度       │
│ ・建築設計プロセスタートル図│      │ ・詳細設計見直し回数対計画達成度       │
│ ・供給者評価表          │      │ ・契約率対計画達成度(契約 / 引合)     │
│ ・顧客との契約書         │      │ ・利益率対計画達成度              │
│ ・建築設計マニュアル      │      │ ・建築確認済申請書一発承認率対計画達成度 │
└──────────────────────┘      └──────────────────────────────┘
```

図7.17　タートル図の例：建設業の建築設計プロセス

第7章　事例集

（3）　建設業の建築施工プロセス

　建築施工プロセスは、設計プロセスのアウトプットである設計図面および設計仕様書をもとに、住宅建築の施工計画書を作成し、各施工工程ごとの施工業者を選定します。発注した資材の受入検査を行い、基礎工事、躯体工事などの工事を実施し、構造検査などの中間検査を実施します。そして仕上工事および設備工事を行って住宅を完成させ、最終検査と関係機関の完成検査を受けて、最後に顧客の立会い検査を行って引き渡す、というフローになります。

　このように、建設業では、製造業の製造プロセスに相当する施工プロセスの実務がアウトソースされるのが一般的です。このフローをもとに建築施工プロセスのタートル図を作成すると、図7.18のようになります。

```
┌─────────────────────────┐   ┌─────────────────────────┐
│物的資源(設備・システム・情報) │   │人的資源(要員・力量)        │
│・建設機械                  │   │・建築施工管理技士          │
│・検査機器                  │   │・協力業者(施工業者)        │
│・建設施工重機              │   │・特殊工程作業者資格認定    │
└─────────────────────────┘   └─────────────────────────┘

┌─────────────────┐  ┌─────────────────┐  ┌─────────────────┐
│インプット        │  │プロセス名称      │  │アウトプット      │
│① 前のプロセスから│  │建築施工プロセス  │  │① 次のプロセスへ  │
│・設計図面        │  │                  │  │・建築物          │
│・施工計画書      │⇨ │                  │⇨ │・施工管理記録    │
│・供給者リスト    │  │プロセスオーナー  │  │・工事日報        │
│                  │  │建築部長          │  │                  │
│② このプロセスの  │  │                  │  │② プロセスの成果  │
│  要求事項        │  │                  │  │・受入検査不適合率│
│・受入検査不適合率 │  │                  │  │・工程内検査手直し│
│  計画            │  │                  │  │  件数            │
│・工程内検査手直し │  │                  │  │・最終検査手直し  │
│  件数計画        │  │                  │  │  件数            │
│・最終検査手直し  │  │                  │  │                  │
│  件数計画        │  │                  │  │                  │
└─────────────────┘  └─────────────────┘  └─────────────────┘

┌─────────────────┐           ┌───────────────────────────┐
│運用方法(手順・技法)│           │評価指標(監視・測定項目と目標値)│
│・施工管理規定    │           │・受入検査不適合率対計画達成度│
│・協力業者管理規定 │           │・工程内検査手直し件数対計画達成度│
│・検査規定        │           │・最終検査手直し件数発生率対計画達成度│
│・検査基準書      │           │・建築完成検査一発合格率対計画達成度│
│・建築施工プロセスフロー図│      │・顧客立会検査手直し件数対計画達成度│
│・建築施工プロセスタートル図│     │・各協力業者の工期遵守率対計画達成度│
│・建築施工マニュアル│          │・安全点検指摘件数対計画達成度│
└─────────────────┘           └───────────────────────────┘
```

図7.18　タートル図の例：建設業の建築施工プロセス

(4) 建設業の購買プロセス

住宅建築会社の購買プロセス、すなわち施工工事のアウトソースプロセスは、施工業者に施工工事を発注し、施工工事の監視を行い、工事の検査を行って工事が完成し、施工工事の評価を行うというフローになります。

建設業では一般的に、購買プロセスのフローと図7.18の施工工事のプロセスフローが一部重複しています。建設業では、施工工事プロセスのアウトソースの管理が重要です。

この購買プロセスのフローをもとに購買プロセスのタートル図を作成すると、図7.19のようになります。

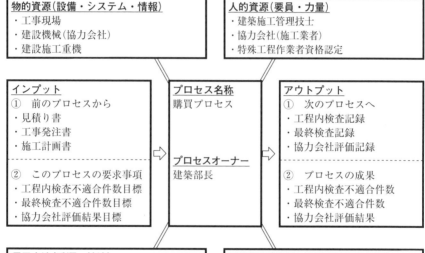

図7.19　タートル図の例：建設業の購買プロセス

第7章　事例集

7.2　内部監査規定の事例

「内部監査規定」の例を以下に示します。この規定例で引用した図は、本書の各章に示した図をそのまま利用できる構成になっています。

内部監査規定（例）

第1版

目　次

1　適用範囲

2　内部監査の種類

3　内部監査の目的

4　関連文書・規格

5　本規定の管理

6　内部監査責任者

7　内部監査チーム

8　内部監査員の資格

9　内部監査の方法（プロセスアプローチ監査）

10　内部監査所見の区分

11　内部監査プログラム

12　内部監査の実施手順

13　記　録

承　認

制定日　20xx 年 xx 月 xx 日

〇〇株式会社

管理責任者

168

1．適用範囲

本規定は、当社の品質マネジメントシステムが、ISO 9001 および IATF 16949 の要求事項に適合しているかどうかを確認するために行う、内部監査の実施方法について規定する。

なお、ISO 9001 と IATF 16949 の両方に適用する箇所は明朝体で表し、IATF 16949 のみに適用する箇所はゴシック体で表す。

2．内部監査の種類

当社の、ISO 9001 および IATF 16949 規格にもとづく内部監査には、次の3種類がある。

① 品質マネジメントシステム監査
② 製造工程監査
③ 製品監査

3．内部監査の目的、対象および方法

品質マネジメントシステム監査、製造工程監査および製品監査の監査の目的および監査の対象を次に示す。

3.1 品質マネジメントシステム監査

① 監査の目的

a) 品質マネジメントシステムが、次の要求事項に適合していることの確認のため

・ISO 9001 規格要求事項および IATF 16949 規格要求事項への適合
・当社の追加要求事項への適合
・顧客固有の要求事項への適合

b) 品質マネジメントシステムが有効に実施されていることの確認のため

第7章　事例集

② 監査の対象

a) 品質マネジメントシステムのすべてのプロセス（3年間で）

b) すべての部門（3年間で）

c) 顧客固有の要求事項（サンプリング）

③ 監査の方法

プロセスアプローチ監査方式

3.2　製造工程監査

① 監査の目的

a) 製造工程の有効性**と効率**を判定するため

b) 製造現場でないと確認できない内容の検証のため

・コントロールプラン（QC工程表）どおりに作業が行われていることの確認

・インフラストラクチャおよび作業環境の管理状況

・製品の識別管理状況、不適合製品の管理状況など

② 監査の対象

a) すべての製造工程（3年間で）

b) シフト（直、交替勤務）（サンプリング）

③ 監査の方法

a) 顧客指定の方法

b) プロセスアプローチ監査方式（顧客指定の方法がない場合）

3.3　製品監査

① 監査の目的

a) 製品がすべての製品要求事項に適合していることの検証のため

② 監査の対象

a) 製品（サンプリング）

b) 製品に関するすべての要求事項（製品寸法、製品の機能、包装、ラベルを含む）

③ 監査の方法

170

a) 顧客指定の方法

b) コントロールプラン(QC工程表)に規定された製品特性要求事項(顧客指定の方法がない場合)

4．関連文書・規格

本規定に関連する文書および規格を次に示す。

① ISO 9001 規格および **IATF 16949 規格**

② **顧客固有の要求事項**

③ 品質マニュアル

④ 各品質マネジメントシステム文書

⑤ ISO 19011 マネジメントシステム監査の指針

5．本規定の管理

本規定は、品質マネジメントシステム管理責任者の承認を得て発行し、「文書・記録管理規定」に従って、維持・管理する。

6．内部監査責任者

内部監査責任者は、内部監査員に資格認定された者の中から、社長が任命する。

内部監査の事務局は品質保証部とし、内部監査プログラムの作成、内部監査計画の作成、内部監査員教育の計画・実施、内部監査員の評価および記録の保管などを行う。

7．内部監査チーム

内部監査責任者は、「内部監査プログラム」に従って、実施する内部監査ごとに、「内部監査員リスト」に登録された内部監査員の中から、内部監査チー

第7章　事例集

ムリーダーと監査チームメンバーを指名する。ただし、監査対象プロセス（活動）に従事する者、および監査対象部門に所属する者は、監査チームに含めない。監査チームには訓練中の監査員を加えることもある。

7.1　監査チームリーダーの役割

① 初回会議および最終会議の議長を努める。
② 内部監査チームを指揮し、監査作業を円滑に進行させる。
③ 調査事項をレビューし、不適合事項および改善の機会を決定する。
④ 内部監査の結論を取りまとめ、「内部監査報告書」を作成する。
⑤ 不適合事項に対するフォローアップを行い、修正・是正処置の確認を行う。

7.2　監査チームメンバーの役割

① 監査チームメンバーの分担するプロセス・部門を、責任をもって監査する。
② 監査結果を内部監査チームリーダーへ報告する。
③ 「不適合報告書」および「改善の機会報告書」を作成する。

8．内部監査員の資格

8.1　内部監査員の資格認定

内部監査責任者は、次の①および②の要件を満たす者を内部監査員として資格認定し、「内部監査員リスト」に登録する。

① 外部研修機関の、ISO 9001またはIATF 16949内部監査員養成セミナー（2日間コース以上）または社内の、ISO 9001またはIATF6949内部監査員養成セミナー（2日間コース以上）を受講・修了し、内部監査責任者が内部監査員にふさわしいと認めた者

② 「内部監査員力量評価表（初回評価）」の力量があると、管理責任者が認めた者

＊品質マネジメントシステム監査、**製造工程監査および製品監査のそれぞ**

172

れの「内部監査員に必要な力量」を図6.9（p.145）に、「内部監査員力量
評価表（初回評価）」の書式と記入例を図6.7（p.141）に示す。

8.2　内部監査員の力量の維持・向上

　内部監査責任者は、実施した内部監査の結果をもとに、年1回内部監査員の
力量を評価する。評価項目は、「内部監査員力量評価表（継続評価）」に示す。

　＊「内部監査員力量評価表（継続評価）」の書式と記入例を図6.8（p.142）に示
　　す。

9．　内部監査の方法

　品質マネジメントシステム監査、**製造工程監査**および**製品監査**のいずれにつ
いても、プロセスアプローチ方式で監査を行う。

　プロセスアプローチ監査では、各監査対象プロセスのタートル図を利用する。

　＊プロセスアプローチ監査の監査のフローを図4.13（p.103）に、内部監査プ
　　ロセスのタートル図を図7.3（p.151）に、監査対象の各プロセスのタートル
　　図を図7.1〜図7.19（p.149〜167）に示す。

10．　内部監査所見の区分

　内部監査結果の所見は、重大な不適合、軽微な不適合および改善の機会に分
類する。不適合に対しては、修正と是正処置を実施する。

　＊内部監査の監査所見の等級を図3.21（p.80）に示す。

11．　内部監査プログラム

　＊内部監査プログラムのフローを図3.14（p.73）に示す。

11.1　内部監査プログラムの作成

　内部監査責任者は、3年ごとの年度始めに「内部監査プログラム」を作成す

第7章　事例集

る。内部監査は、原則として年2回実施する。なお、品質マネジメントシステムに大幅な変更があった場合や、重大な顧客苦情や不適合の発生があった場合などで、内部監査責任者が必要と認めた場合は、臨時の内部監査を行う。

＊「内部監査プログラム」の書式と記入例を図3.15(p.75)に示す。

11.2　内部監査プログラムの監視・レビュー

内部監査責任者は、年度末に次の目的のために、内部監査プログラムの監視・レビューを行い、「内部監査プログラム総括報告書」を作成する。

① 監査プログラムの目的が達成されたかどうかの評価

② 是正処置・予防処置の必要性と適切性の評価

③ 品質マネジメントシステムの改善の機会の特定

＊「内部監査プログラム総括報告書」の書式と記入例を、図3.26(p.85)に示す。

11.3　マネジメントレビューおよび内部監査プログラムの改善

社長は、マネジメントレビューにおいて、「内部監査プログラム総括報告書」にもとづいて、内部監査プログラムの有効性を評価し、内部監査プログラムの改善のための指示を出す。内部監査プログラムの監視・レビュー結果とマネジメントレビュー結果は、次年度の内部監査プログラムの作成に反映させる。

12.　内部監査の実施手順

12.1　内部監査の準備

内部監査チームリーダーは、「内部監査プログラム」に従って、「内部監査計画書」を作成する。各内部監査員は、内部監査計画に従って、監査チェックリストを作成する。

＊「内部監査計画書」および「内部監査チェックリスト」の書式と記入例を、それぞれ図3.17(p.78)および図4.11(p.101)に示す。

174

12.2 初回会議

内部監査の初回会議は、内部監査チームリーダーが議長を務め、「内部監査計画書」に従って、監査の進め方などの説明を行う。

12.3 情報の収集と検証

内部監査チームは、「内部監査計画書」に従って、内部監査チェックリストをもとに、各部門・各プロセスに対する内部監査を実施する。

12.4 内部監査チームミーティング

内部監査チームリーダーが中心となって、監査チームミーティングを行い、監査所見(不適合および改善の機会)および監査結論をまとめる。

＊「不適合報告書」の書式と記入例を、図5.2(p.113)に示す。

12.5 最終会議

最終会議は、内部監査チームリーダーが議長を務め、次のことを説明し、確認する。

① 監査所見および監査結果の説明
② 修正処置および是正処置スケジュールの確認
③ 監査所見に対する、内部監査チームリーダーと被監査部門の責任者の署名

12.6 「内部監査報告書」の作成

内部監査チームリーダーは、内部監査終了速やかに(原則として1週間以内)「内部監査報告書」を作成し、被監査部門の了解を得て、内部監査責任者に提出する。

＊「内部監査報告書」の書式と記入例を、図3.24(p.83)に示す。

12.7 内部監査のフォローアップ

被監査部門の責任者は、不適合の原因を究明し、修正および是正処置(再発防止策)案を計画して、実施する。内部監査チームリーダーは、不適合事項に

第 7 章　事例集

対する修正と是正処置の完了と有効性の検証を行う（原則として 1 週間以内）。

　＊「是正処置報告書」の書式と記入例を、図 5.10（p.122）に示す。

　内部監査責任者は、是正処置の報告にもとづき、フォローアップ監査が必要かどうかを決める。内部監査チームリーダーは、フォローアップ監査の結果を「フォローアップ監査報告書」として記録し、管理責任者に報告する。

13.　記　録

　内部監査に関する各記録は、「文書・記録管理規定」に従って管理する。

以上

参考文献

[1] ISO 9001：2015（JIS Q 9001：2015）『品質マネジメントシステム－要求事項』、日本規格協会、2015 年

[2] ISO 9000：2015（JIS Q 9000：2015）『品質マネジメントシステム－基本および用語』、日本規格協会、2015 年

[3] ISO 19011：2011（JIS Q 19011：2012）『マネジメントシステム監査のための指針』、日本規格協会、2012 年

[4] 日本規格協会編：『対訳IATF 16949：2016 自動車産業品質マネジメントシステム規格－自動車産業の生産部品および関連するサービス部品の組織に対する品質マネジメントシステム要求事項』、日本規格協会、2016 年

[5] 岩波好夫著：『図解 新 ISO 9001－リスクベースのプロセスアプローチから要求事項まで－』、日科技連出版社、2017 年

[6] 岩波好夫著：『図解 よくわかる IATF 16949－自動車産業の要求事項からプロセスアプローチまで－』、日科技連出版社、2017 年

[7] 岩波好夫著：『図解 ISO 9000 よくわかるプロセスアプローチ』、日科技連出版社、2009 年

[8] 岩波好夫著：『図解 ISO 9000 プロセスアプローチ内部監査－パフォーマンス改善のための効果的な監査の進め方－』、日科技連出版社、2009 年

[9] 岩波好夫著：『図解 ISO/TS 16949 よくわかる自動車業界のプロセスアプローチと内部監査』、日科技連出版社、2010 年

索　引

［A－Z］

APQP	50
CAPD	102
CAPDo	102
COP	54
IATF 16949	13、21、53、68、130、169
ISO 19011	60、73、135
ISO 9001	13、15、169
KPI	35
PDCA	27、32、104
performance	65

［あ行］

運用プロセス	40、154
オクトパス図	54

［か行］

改善の機会	80、112
監査結論	80
監査所見	80
監査チームリーダー	138
監査の原則	61
監査プログラム	63、68、73
監査プログラム管理者	143
監査報告書	83
企画プロセス	162
教育・訓練プロセス	152

契約プロセス	164
建設業	164
建築設計プロセス	165
建築施工プロセス	166
工程設計プロセス	156
購買プロセス	157、167
効率	64、66
顧客志向プロセス	54
顧客満足プロセス	150
個人の行動	135
コントロールプラン	72

［さ行］

サービス業	17、160
サンプリング	79
仕入プロセス	160
支援プロセス	40、54、149
事業プロセス	16、18
自動車産業	53
修正	119
受注プロセス	154
所見報告書	113
審査所見	81
製造工程監査	69、170
製品監査	70、170
製品検査プロセス	158
製品実現プロセス	40、154
製品設計プロセス	155

索　引

是正処置	119	品質マネジメントシステム内部監査		
是正処置報告書	116		57	
接客サービスプロセス	163	品質マネジメントの原則	136	
測定機器管理プロセス	153	フォローアップ	82	
		不適合	111	
[た行]		部門別監査	91	
タートル図	33、55、149	プロセス	25	
チェックリスト	78、100	プロセスアプローチ	13、16、20、	
適合性	64		30、32	
特性要因図	39	プロセスアプローチ監査	90、95、	
			99、104、125	
[な行]		プロセスアプローチ内部監査		
内部監査規定	168		55、87、102	
内部監査計画	77	プロセスオーナー	44	
内部監査所見	111	プロセス監査	95	
内部監査責任者	171	プロセスの監視・測定指標	51	
内部監査プログラム	68、73	プロセスフロー図	37	
内部監査プログラムの監視	84	プロセス分析図	33	
内部監査プロセス	151	プロセスマップ	41	
内部監査報告書	82	プロセス－要求事項関連図	46	
		方針展開プロセス	149	
[は行]				
パフォーマンス	17、64	**[ま行]**		
販売プロセス	161	マネジメントプロセス	40、54、149	
引渡しプロセス	159			
品質マネジメントシステム	25	**[や行]**		
品質マネジメントシステム監査		有効性	64、66	
	69、169	有効性の監査	89	
品質マネジメントシステム監査員		要求事項別監査	97	
	135			

179

索　引

［ら行］

力量	135、139
リスク	16、19
レストラン	162

著者紹介

いわなみ よしお
岩波 好夫

経　歴　名古屋工業大学 大学院 修士課程修了(電子工学専攻)
　　　　株式会社東芝入社
　　　　米国フォード社開発プロジェクトメンバー、半導体 LSI 開発部長、米国デザインセンター長、品質保証部長などを歴任
現　在　岩波マネジメントシステム代表
　　　　JRCA 登録 ISO 9000 主任審査員(A01128)
　　　　IRCA 登録 ISO 9000 リードオーディター(A008745)
　　　　AIAG 登録 QS-9000 オーディター(CR05-0396、〜 2006 年)
　　　　現住所：東京都町田市
　　　　趣味：卓球
著　書　『ISO 9000 実践的活用』(オーム社)、『図解 ISO 9000 よくわかるプロセスアプローチ』、『図解 ISO 9000 プロセスアプローチ内部監査』、『図解新 ISO 9001 −リスクベースのプロセスアプローチから要求事項まで−』、『図解よくわかる IATF 16949 −自動車産業の要求事項からプロセスアプローチまで−』、『図解 IATF 16949 よくわかるコアツール − APAP・PPAP・FMEA・SPC・MSA −』、『図解 IATF 16949 の完全理解 −要求事項からコアツールまで−』(いずれも日科技連出版社) など

図解 ISO 9001/IATF 16949
プロセスアプローチ内部監査の実践
―パフォーマンス改善・適合性の監査から有効性の監査へ―

2017 年 10 月 28 日　第 1 刷発行
2018 年 9 月 14 日　第 3 刷発行

著　者　岩　波　好　夫
発行人　戸　羽　節　文

発行所　株式会社 日科技連出版社

〒 151-0051　東京都渋谷区千駄ヶ谷 5-15-5
DS ビル

電　話　出版　03-5379-1244
営業　03-5379-1238

検　印
省　略

Printed in Japan

印刷・製本　河北印刷株式会社

© Yoshio Iwanami 2017
URL http://www.juse-p.co.jp/

ISBN 978-4-8171-9633-0

本書の全部または一部を無断で複写複製（コピー）することは、著作権法上で
の例外を除き、禁じられています。

日科技連出版社の書籍案内

ISO 9001/IATF 16949 図解 シリーズ
岩波　好夫　著

■ 図解よくわかる IATF 16949
　―自動車産業の要求事項からプロセスアプローチまで―

■ 図解 IATF 16949　よくわかるコアツール
　―APQP・PPAP・FMEA・SPC・MSA―

■ 図解 IATF 16949 の完全理解
　―自動車産業の要求事項からコアツールまで―

■ 図解 新 ISO 9001
　―リスクベースのプロセスアプローチから要求事項まで―

■ 図解 ISO 9001/IATF 16949 プロセスアプローチ内部監査の実践
　―パフォーマンス改善・適合性の監査から有効性の監査へ―

★日科技連出版社の図書案内は，ホームページでご覧いただけます．　●日科技連出版社
　URL　http://www.juse-p.co.jp/